普通高等院校"十三五"规划教材

大学计算机基础与应用

配套练习与实验操作

■ 主　编　田　鸿　杨芳权

■ 副主编　孙宝刚　邱红艳　任淑艳　江渝川

U0379562

重庆大学出版社

内容提要

本书是与《大学计算机基础与应用》配套使用的辅助教材,根据教育部非计算机专业计算机基础课程教学指导分委会提出的"白皮书"中有关"大学计算机基础"课程的要求编写的。全书分为综合练习和综合实验两部分。在综合练习中,编写了各章的测试题,帮助学生巩固所学的知识,提高综合应用能力;在综合实验中,根据教学要求和不同专业的特点安排了大量丰富、实用的实验,每个实验由实验目的、实验任务和部分任务操作提示 3 部分组成。

本书适合普通高等院校应用型本科(含专科、高职类)各专业的学生作为教材使用,也适合作为普通读者学习计算机操作的参考书。

图书在版编目(CIP)数据

大学计算机基础与应用:配套练习与实验操作 / 田
鸿,杨芳权主编. -- 重庆:重庆大学出版社,2018.8(2020.8 重印)
ISBN 978-7-5689-1188-7

Ⅰ.①大… Ⅱ.①田… ②杨… Ⅲ.①电子计算机—
高等学校—教学参考资料 Ⅳ.①TP3

中国版本图书馆 CIP 数据核字(2018)第 146831 号

大学计算机基础与应用——配套练习与实验操作

主 编 田 鸿 杨芳权
副主编 孙宝刚 邱红艳
任淑艳 江渝川
责任编辑:章 可 版式设计:章 可
责任校对:关德强 责任印制:赵 晟

*

重庆大学出版社出版发行
出版人:饶帮华
社址:重庆市沙坪坝区大学城西路 21 号
邮编:401331
电话:(023) 88617190 88617185(中小学)
传真:(023) 88617186 88617166
网址:http://www.cqup.com.cn
邮箱:fxk@ cqup.com.cn(营销中心)
全国新华书店经销
重庆华林天美印务有限公司印刷

*

开本:787mm×1092mm 1/16 印张:6.5 字数:146 千
2018 年 8 月第 1 版 2020 年 8 月第 3 次印刷
ISBN 978-7-5689-1188-7 定价:18.00 元

前言

　　计算机技术的飞速发展加快了人类进入信息社会的步伐，也改变了人们工作、学习和生活的方式，对社会发展产生了广泛而深远的影响。计算机技术在其他各学科中的应用，极大地促进了各学科的发展。计算机技术是 21 世纪的高校学生必须掌握的、最重要的基础能力之一。

　　非计算机专业的计算机基础教学以应用为主要目的，因此，其教学内容、课程标准和教材必须从应用角度出发进行设计，努力顺应计算机技术的发展趋势和应用需要，着力培养学生利用计算机分析和解决专业及相关领域问题的意识和能力，提高学生的计算机素养。

　　为了适应新的要求，我们组织了一批长期在教学一线、具有丰富教学经验的相关课程教师编写了这本与《大学计算机基础与应用》配套的教材。本教材有如下特点：

　　1．本教材在综合练习部分结合主教材每一章的知识点，安排了大量的练习题供学生练习，以便巩固所学的知识。

　　2．本教材在综合实验部分精选了大量的实验内容，特别注重应用，强调实用性，实验难度由易到难，实验都可以由学生独立完成。

　　3．本教材在综合练习部分附有参考答案，方便学生及时判断自己的答题成绩；本教材在综合实验部分针对重点步骤给出了操作提示，引导学生更好地完成相关实验。

　　本书适合普通高等院校应用型本科（含专科、高职类）各专业的学生作为教材使用，也适合作为普通读者学习计算机操作的参考书。

　　本书由重庆人文科技学院多位教师共同编写，田鸿、杨芳权担任主编，孙宝刚、邱红艳、任淑艳、江渝川担任副主编，田鸿确定了总体方案及教材大纲，并负责统稿和定稿工作，杨芳权参与了书稿的审阅工作。各章编写分工如下：综合练习部分的第1、2 章由孙宝刚编写，第3、4、5、6 章由江渝川编写，综合实验部分的第1、2 章由田鸿编写，第 3 章由邱红艳编写，第 4 章由任淑艳编写，第 5、6 章由杨芳权编写。另外，本教材属于重庆人文科技学院田鸿、孙宝刚等人申请的 2016 年重庆市高等教育教学改革研究项目"民办本科高校计算机基础教学对培养学生应用能力的研究"（项目编号：163159）的成果之一。

由于计算机技术的快速发展，作者水平有限，书中难免存在不足之处，欢迎广大读者批评、指正。

编　者
2018 年 3 月

目录

第1部分 综合练习

第1章 计算机基础概述

一、填空题

1. 与内存储器相比,硬盘的存储容量_____,存取数据的速度_____。

2. 主机一般包括_____和_____。

3. 存储单元的唯一标志是_____。

4. 计算机完成某个基本操作的命令称为_____。

5. 在存储器系统的层次关系中,高速缓存主要解决_____速度不匹配的问题,而辅存主要解决_____问题。

6. 微型计算机总线一般由_____总线、_____总线和_____总线组成。

7. 在 ASCII 码中,字母 A 的码值是65,字母 f 的码值应为_____。

8. 冯·诺依曼计算机的工作原理是_____。

9. 基本 ASCII 字符集总共可以对_____个不同字符进行编码。

10. 在计算机内用_____个字节的二进制数码代表一个汉字。

11. 计算机软件系统由_____和_____两部分组成。

12. 输入设备的作用是将数据、命令输入计算机_____中。

13. 计算机的指令是由_____码和_____码组成。

14. 计算机在工作时,内存用来存储_____。

15. 内存储器按工作方式可以分为_____和_____两类。

二、单选题

1. 1946 年 2 月问世的世界上第一台计算机 ENIAC 的全称是(　　)。

A. 通用模拟电子计算机　　　　　　　B. 巨型计算机

C. 通用程序控制计算机　　　　　　　D. 电子数值积分计算机

2. Linux 是一种(　　)。

A. 操作系统 　　　　B. 存储程序 　　　　C. 监控程序 　　　　D. 数据库系统

3. 目前,80％以上的计算机主要用于(　　)。

A. 科学计算 　　　　B. 辅助设计 　　　　C. 数据处理 　　　　D. 人工智能

4. 计算机辅助设计简称(　　)。

A. CAI 　　　　B. CAD 　　　　C. CAM 　　　　D. CAE

5. 计算机的发展经历了从电子管到超大规模集成电路等几代的变革,各代的变革主要基于(　　)。

A. 处理器芯片 　　B. 存储器 　　　　C. 操作系统 　　　　D. 输入/输出设备

6. 微型计算机的运算器、控制器、内存储器构成计算机的(　　)。

A. CPU 　　　　B. 软硬件 　　　　C. 主机 　　　　D. 外设

7. 在下列存储器中,存取速度最快的是(　　)。

A. 软盘 　　　　B. 硬盘 　　　　C. 光盘 　　　　D. 内存

8. 关于存储器的特性,下列说法中不正确的是(　　)。

A. 存储单元新的信息未写入之前,原来的信息保持不变

B. 存储器可分为运算器和控制器

C. 主存储器简称"内存"

D. 存储单元写入新的信息后,该单元中原来的内容便自动丢失

9. 在表示存储器的容量时,一般用 MB 作为单位,其准确的含义是(　　)。

A. 1024 万 　　　　B. 1024KB 　　　　C. 1000KB 　　　　D. 1024B

10. I/O 接口位于(　　)。

A. 总线和设备之间 　　　　　　B. CPU 和 I/O 设备之间

C. 主机和总线之间 　　　　　　D. CPU 和主存储器之间

11. 下列各组设备中依次为输入设备、输出设备和存储设备的是(　　)。

A. ALU、CPU、ROM

B. 磁带、打印机、激光打印机

C. 鼠标、绘图仪、光盘

D. 磁盘、鼠标、键盘

12. 显示器分辨率是指整个屏幕可以显示(　　)的数目。

A. 扫描线 　　　　B. 像素 　　　　C. 中文字符 　　　　D. ASCII 字符

13. 指挥、协调计算机工作的设备是(　　)。

A. 输入设备 　　　　B. 输出设备 　　　　C. 存储器 　　　　D. 控制器

14. 汉字在计算机系统内使用的编码是(　　)。

A. 输入码 　　　　B. 机内码 　　　　C. 字型码 　　　　D. 地址码

15. 按照汉字的"输入→处理→输出打印"的处理流程,不同阶段使用的汉字编码分别是(　　)。

A. 国际码→交换码→字型码 　　　　B. 输入码→国际码→机内码

C. 输入码→机内码→字型码 　　　　D. 拼音码→交换码→字型码

16. 一个 72 点阵×72 点阵的汉字,其字型码所占的字节数是(　　)。

A. 288　　　　　B. 128　　　　　C. 648　　　　　D. 72

17. 计算机能够识别的计算机语言是(　　)。

A. 汇编语言　　　B. 机器语言　　　C. 高级语言　　　D. 自然语言

18. 下列 4 个选项中正确的是(　　)。

A. 存储一个汉字和存储一个英文字符占用的存储容量相同

B. 微型计算机只能进行数值运算

C. 计算机中数据的存储和处理都使用二进制

D. 计算机中数据的输出和输入都使用二进制

19. 计算机所能识别并能运行的全部指令集合,称为该计算机的(　　)。

A. 程序　　　　　B. 二进制代码　　　C. 软件　　　　　D. 指令系统

20. RAM 具有的特点是(　　)。

A. 海量存储

B. 一旦断电,存储在其中的信息将全部消失无法恢复

C. 存储的信息可以永久保存

D. 存储在其中的数据不能改写

21. 计算机指令中规定该指令执行功能的部分称为(　　)。

A. 数据码　　　　B. 操作码　　　　C. 源地址码　　　　D. 目标地址码

22. 在下列关于存储器的叙述中,正确的是(　　)。

A. CPU 能直接访问存储在内存的数据,也能直接访问存储在外存的数据

B. CPU 不能直接访问存储在内存的数据,能直接访问存储在外存的数据

C. CPU 只能直接访问存储在内存的数据,不能直接访问存储在外存的数据

D. CPU 不能直接访问存储在内存的数据,也不能直接访问存储在外存的数据

23. 微型计算机存储系统中的 Cache 是(　　)。

A. 只读存储器　　B. 高速缓冲存储器　C. 主存　　　　　D. 辅存

24. MIPS 常用来描述计算机的运算速度,其含义是(　　)。

A. 每秒钟处理百万个字符　　　　　B. 每分钟处理百万个字符

C. 每秒钟执行百万条指令　　　　　D. 每分钟执行百万条指令

25. 计算机存储数据的最小单位是二进制的(　　)。

A. 位(比特)　　　B. 字节　　　　　C. 字长　　　　　D. 千字节

26. 一个字节包括(　　)个二进制位。

A. 8　　　　　　B. 16　　　　　　C. 32　　　　　　D. 64

27. 1MB = (　　)Byte。

A. 100 000　　　B. 1 024 000　　　C. 1 000 000　　　D. 1 048 576

28. 磁盘属于(　　)。

A. 输入设备　　　B. 输出设备　　　C. 内存储器　　　D. 外存储器

29. 具有多媒体功能系统的微机常用 CD-ROM 作为外存储设备,它是(　　)。

A. 只读存储器　　B. 只读光盘　　　C. 只读硬磁盘　　　D. 只读大容量软磁盘

30. 在下列计算机应用中,属于数值计算应用领域的是( )。
A. 气象预报　　　　B. 文字编辑系统　　C. 运输行李调度　　D. 专家系统

31. 计算机系统由( )组成。
A. 主机与系统软件　　　　　　　B. 硬件系统和应用软件
C. 硬件系统和软件系统　　　　　D. 微处理器和软件系统

32. 在微型计算机中,微处理器的主要功能是进行( )。
A. 算术运算　　　　　　　　　　B. 逻辑运算
C. 算术逻辑运算　　　　　　　　D. 算术逻辑运算及全机的控制

33. 微型计算机硬件系统中最核心的部件是( )。
A. 显示器　　　　B. CPU　　　　C. 内存储器　　　D. I/O 设备

34. 微型计算机中合称为中央处理单元(CPU)的是( )。
A. 运算器和控制器　　　　　　　B. 累加器和算术逻辑运算部件(ALU)
C. 累加器和控制器　　　　　　　D. 通用寄存器和控制器

35. 在微型计算机中,控制器的基本功能是( )。
A. 进行算术运算和逻辑运算　　　B. 存储各种控制信息
C. 保持各种控制状态　　　　　　D. 控制机器各个部件协调一致地工作

36. 计算机系统的主机由( )构成。
A. CPU、内存储器及辅助存储器　B. CPU 和内存储器
C. 存放在主机箱内部的全部器件　D. 计算机主板上的全部器件

37. 为解决某一特定问题而设计的指令序列称为( )。
A. 文档　　　　B. 语言　　　　C. 程序　　　　D. 系统

38. 计算机最主要的工作特点是( )。
A. 程序存储与自动控制　　　　　B. 高速度与高精度
C. 可靠性与可用性　　　　　　　D. 有记忆能力

39. 一般通过( )连接计算机系统的五大基本组成部件。
A. 适配器　　　　B. 电缆　　　　C. 中继器　　　　D. 总线

40. 在衡量计算机的主要性能指标中,字长是( )。
A. 计算机运算部件一次能够处理的二进制数据位数
B. 8 位二进制长度
C. 计算机的总线数
D. 存储系统的容量

41. 在计算机领域通常用英文单词"Byte"来表示( )。
A. 字　　　　B. 字长　　　　C. 二进制位　　　D. 字节

42. 某工厂的仓库管理软件属于( )。
A. 应用软件　　　B. 系统软件　　　C. 工具软件　　　D. 字处理软件

43. 在下列关于系统软件的叙述中,正确的是( )。
A. 系统软件与具体应用领域无关
B. 系统软件与具体硬件逻辑功能无关

C. 系统软件是在应用软件基础上开发的

D. 系统软件并不具体提供人机界面

44. "计算机能够进行逻辑判断并根据判断的结果选择相应的处理。"该描述说明计算机具有(　　)。

A. 高速运算的能力　B. 逻辑判断能力　　C. 记忆能力　　　　D. 自动控制能力

45. 在微机系统中,硬件与软件的关系是(　　)。

A. 在一定条件下可以相互转化　　　　B. 逻辑功能上的等效关系

C. 特有的关系　　　　　　　　　　　D. 固定不变的关系

◇参考答案

一、填空题

1. 大,慢　2. CPU,内存　3. 地址　4. 指令　5. CPU 和内存,容量　6. 数据,地址,控制
7. 102　8. 存储程序的工作原理　9. 128　10. 2　11. 系统软件,应用软件　12. 内存
13. 操作,地址　14. 需要执行的程序和数据　15. RAM,ROM

二、单选题

1. D　2. A　3. C　4. B　5. A　6. C　7. D　8. B　9. B　10. B　11. C　12. B　13. D　14. B
15. C　16. C　17. B　18. C　19. D　20. B　21. C　22. C　23. B　24. C　25. A　26. A
27. D　28. D　29. B　30. A　31. C　32. C　33. B　34. A　35. D　36. B　37. C　38. A
39. D　40. A　41. D　42. A　43. A　44. B　45. B

第 2 章　Windows 7 操作系统

一、填空题

1. 文件系统主要管理计算机系统的软件资源,即对各种＿＿＿＿＿＿＿＿＿＿的管理。

2. 使用＿＿＿＿＿＿＿＿＿可以清除磁盘中的临时文件等,释放磁盘空间。

3. 大多数文件系统为了进行有效的管理,为用户提供了两种特殊操作,即在使用文件前必须先＿＿＿＿＿＿＿＿＿,文件使用完后需要＿＿＿＿＿＿＿＿＿。

4. 在 Windows 7 中,＿＿＿＿＿＿＿＿＿用于暂时存放从硬盘上删除的文件或文件夹。

5. 在 Windows 7 中文件具有 3 种属性,它们是＿＿＿＿＿＿＿＿＿、＿＿＿＿＿＿＿＿＿和存档属性。

6. 在文件的树型目录结构中,用路径名来表示文件所处的位置,通常有＿＿＿＿＿路径和绝对路径。

7. 鼠标的基本操作有单击、双击、＿＿＿＿＿＿＿＿＿和拖曳。

8. 在资源管理器的文件夹操作中,展开与＿＿＿＿＿＿＿＿＿互为逆向操作。

9. 记事本程序主要用于处理＿＿＿＿＿＿＿＿＿文件。

10. 在 Windows 7 中,单击非活动窗口的任意部分,即可将该窗口切换为＿＿＿＿＿＿＿＿＿窗口。

11. 在 Windows 7 中,利用＿＿＿＿＿＿＿＿＿可以方便地在应用程序之间进行数据移动或复制等操作。

12. Windows 7 附件中提供的一个图像处理软件是＿＿＿＿＿＿＿＿＿,通过它可绘制一些简单的图形。

13. 在 Windows 7 资源管理器中,若要选定连续的多个文件,可先单击要选定的每一个文件,然后按下＿＿＿＿＿＿＿＿＿键,再单击最后一个文件,则这个连续区域中的所有文件都被选中。

14. 在 Windows 的"回收站"窗口中,要想恢复选定的文件或文件夹,可以使用"文件"菜单中的＿＿＿＿＿＿＿＿＿命令。

15. 在 Windows 中允许用户同时打开＿＿＿＿＿＿＿＿＿个窗口,但任一时刻只有一个是活动窗口。

二、单选题

1. 计算机操作系统属于(　　　)。
A. 应用软件　　　　B. 系统软件　　　　C. 工具软件　　　　D. 文字处理软件

2. 操作系统负责管理计算机的(　　　)。
A. 音频　　　　　　B. 视频　　　　　　C. 软、硬件资源　　D. 照片

3. 在计算机系统中配置操作系统的主要目的是(　　　)。
A. 增强计算机系统的功能

B. 提高系统资源的利用率

C. 提高系统的运行速度

D. 合理组织系统的工作流程,以提高系统吞吐量

4. 操作系统对处理机的管理实际上是对(　　　)。

A. 存储器的管理　　　　　　　　B. 虚拟存储器的管理

C. 运算器的管理　　　　　　　　D. 进程的管理

5. 允许多个用户以交互方式使用计算机的操作系统称为(　　　)。

A. 批处理操作系统　　　　　　　B. 分时操作系统

C. DOS 操作系统　　　　　　　　D. 个人计算机操作系统

6. 在同一个盘符中复制文件可利用鼠标拖动文件,同时按住(　　　)键。

A. Shift　　　　　B. Ctrl　　　　　C. Alt　　　　　D. Win

7. 以下不属于操作系统关心的主要问题是(　　　)。

A. 管理计算机"裸机"

B. 设计、提供用户程序与计算机硬件系统的接口

C. 管理计算机中的信息资源

D. 高级程序设计语言的编译

8. 在设计实时操作系统时,首先要考虑的是(　　　)。

A. 灵活性和可适应性　　　　　　B. 交互性和响应时间

C. 周转时间和系统吞吐量　　　　D. 实时性和可靠性

9. 在 Windows 7 的"资源管理器"或"我的电脑"窗口中,要改变文件或文件夹的显示方式,应进行的操作为(　　　)。

A. 在"文件"菜单中选择　　　　　B. 在"编辑"菜单中选择

C. 在"查看"菜单中选择　　　　　D. 在"帮助"菜单中选择

10. 在 Windows 7 中,若系统长时间不响应用户的要求,为了结束该任务,应使用的组合键是(　　　)。

A. Shift + Esc + Tab　　　　　　　B. Ctrl + Shift + Enter

C. Alt + Shift + Enter　　　　　　D. Alt + Ctrl + Del

11. 在 Windows 7 的"资源管理器"窗口中,若希望显示文件的名称、类型、大小等信息,则应该选择"查看"菜单中的(　　　)。

A. 列表　　　　　B. 详细信息　　　　　C. 大图标　　　　　D. 小图标

12. MS – DOS 是(　　　)操作系统。

A. 单用户单任务　　　　　　　　B. 单用户多任务

C. 多用户单任务　　　　　　　　D. 多用户多任务

13. 在下列 Windows 文件名中,错误的是(　　　)。

A. X. Y. Z　　　　　B. My_Files. txt　　　　　C. A#B. BAS　　　　　D. A > B. DOC

14. 在 Windows 中查找文件时,如果输入"＊. docx",表明要查找当前目录下的(　　　)。

A. 文件名为 ＊. docx 的文件　　　　B. 文件名中有一个 ＊ 的 docx 文件

C. 所有的 docx 文件　　　　　　　D. 文件名长度为一个字符的 docx 文件

15. Windows 7 系统管理文件和文件夹是通过一种( )结构目录实现的。

A. 关系   B. 网状   C. 对象   D. 树状

16. 在 Windows 7 默认情况下,切换中文输入方式到英文输入方式,应同时按下键( )。

A. Ctrl + 空格键   B. Alt + 空格键   C. Shift + 空格键   D. Enter + 空格键

17. 在 Windows 7 操作系统中,显示桌面的快捷键是( )。

A. Win + D   B. Win + P   C. Win + Tab   D. Alt + Tab

18. 文件的类型可以根据( )来识别。

A. 文件的大小   B. 文件的用途   C. 文件的扩展名   D. 文件的存放位置

19. 在 Windows 7 系统中,通过鼠标的属性对话框,不能调整鼠标的( )。

A. 单击速度   B. 双击速度   C. 移动速度   D. 指针轨迹

20. 在操作系统中,文件管理程序的主要功能是( )。

A. 实现文件的显示和打印   B. 实现对文件的按内容存取

C. 实现对文件按名存取   D. 实现文件压缩

21. 关于查找文件或文件夹,下列说法中正确的是( )。

A. 只能利用"我的电脑"打开查找窗口

B. 只能按名称、修改日期或文件类型查找

C. 找到的文件或文件夹由资源管理器窗口列出

D. 有多种方法打开查找窗口

22. 在下列关于 Windows 快捷方式的说法中,正确的是( )。

A. 一个快捷方式可指向多个目标对象

B. 一个对象可有多个快捷方式

C. 只有文件和文件夹对象可建立快捷方式

D. 不允许为快捷方式建立快捷方式

23. 在多个窗口中进行窗口切换可用键盘命令( )。

A. Alt + F1   B. Shift + Esc   C. Ctrl + Esc   D. Alt + Esc

24. 在 Windows"资源管理器"窗口中,左部显示的内容是( )。

A. 所有未打开的文件夹   B. 系统的树形文件夹

C. 打开的文件夹下的子文件夹及文件   D. 所有已打开的文件

25. 在"资源管理器"窗口中,"剪切"一个文件后,该文件被( )。

A. 删除   B. 放到"回收站"

C. 临时存放在桌面上   D. 临时存放在"剪贴板"上

26. 在下列关于中文 Windows 文件名的叙述中,错误的是( )。

A. 文件名允许使用汉字   B. 文件名允许使用多个圆点分隔符

C. 文件名允许使用空格   D. 文件名允许使用竖线"|"

27. 在 Windows 中,在某些窗口中可看到若干个小的图形符号,这些图形符号在 Windows 中被称为( )。

A. 文件   B. 窗口   C. 按钮   D. 图标

28. 在 Windows 的"我的电脑"窗口中,若已选定了文件或文件夹,为了设置其属性,可以打开属性对话框,其操作是(　　)。

　A.用鼠标右键单击"文件"菜单中的"属性"命令

　B.用鼠标右键单击该文件或文件夹名,然后从弹出的快捷菜单中选择"属性"命令

　C.用鼠标右键单击"任务栏"中的空白处,然后从弹出的快捷菜单中选择"属性"

　D.用鼠标右键单击"查看"菜单中"工具栏"下的"属性"图标

29. 在 Windows 中,若要利用鼠标来改变窗口的大小,则鼠标指针应(　　)。

　A.置于窗口内　　　　　　　　B.置于菜单项

　C.置于窗口边框　　　　　　　D.在任意位置

30. 文件夹中不可存放(　　)。

　A.文件　　　　　B.多个文件　　　C.文件夹　　　　D.字符

31. 在 Windows 中,窗口最小化是将窗口(　　)。

　A.变成一个小窗口　　　　　　B.关闭

　C.平铺　　　　　　　　　　　D.缩小为任务栏的一个按钮

32. 在下列操作中,能在各种中文输入法间切换的是(　　)。

　A.按 Ctrl + Shift　　　　　　B.按 Shift + Space

　C.按 Alt + Shift　　　　　　 D.鼠标左键单击输入方式切换按钮

33. Windows 中的剪贴板是(　　)。

　A.硬盘上的某个区域　　　　　B.软盘上的一块区域

　C.内存中的一块区域　　　　　D.Cache 中的一块区域

34. 在 Windows 的"资源管理器"左部窗口中,若显示的文件夹图标前带有" + "号,意味着该文件夹(　　)。

　A.含有下级文件夹　B.仅含有文件　　　C.是空文件夹　　　D.不含下级文件夹

35. 在 Windows 的"回收站"中,存放的(　　)。

　A.只能是硬盘上被删除的文件或文件夹

　B.只能是软盘上被删除的文件或文件夹

　C.可以是硬盘或软盘上被删除的文件或文件夹

　D.可以是所有外存储器中被删除的文件或文件夹

36. 如果一个文件的名字是"AA.bmp",则该文件是(　　)。

　A.可执行文件　　　B.文本文件　　　C.网页文件　　　　D.位图文件

37. 在 Windows 中,能弹出对话框的操作是(　　)。

　A.选择了带省略号的菜单项　　　B.选择了带向右三角形箭头的菜单项

　C.选择了颜色变灰的菜单项　　　D.运行了与对话框对应的应用程序

38. 在 Windows 中,打开"资源管理器"窗口后,要改变文件或文件夹的显示方式,应选用(　　)。

　A."文件"菜单　　　B."编辑"菜单　　　C."查看"菜单　　　D."帮助"菜单

39. 在 Windows 中,用户同时打开的多个窗口可以层叠式或平铺式排列,要想改变窗口的排列方式,应进行的操作是(　　)。

A.用鼠标右键单击"任务栏"空白处,然后在弹出的快捷菜单中选取要排列的方式

B.用鼠标右键单击桌面空白处,然后在弹出的快捷菜单中选取要排列的方式

C.先打开"资源管理器"窗口,选择其中的"查看"菜单下的"排列图标"项

D.先打开"我的电脑"窗口,选择其中的"查看"菜单下的"排列图标"项

40. Windows 中的用户账户 Administrator 是(   )。

A.来宾账户   B.受限账户   C.无密码账户   D.管理员账户

◇参考答案

一、填空题

1.程序和数据　 2.磁盘清理　 3.打开,关闭　 4.回收站　 5.只读,隐藏　 6.相对　 7.右击

8.折叠　 9.txt　 10.活动　 11.剪贴板　 12.画图　 13.Shift　 14.还原　 15.多

二、单选题

1. B　 2. C　 3. B　 4. D　 5. B　 6. B　 7. D　 8. D　 9. C　 10. D　 11. B　 12. A　 13. D　 14. C

15. D　 16. A　 17. A　 18. C　 19. A　 20. C　 21. A　 22. B　 23. D　 24. B　 25. D　 26. D

27. D　 28. B　 29. C　 30. D　 31. D　 32. A　 33. C　 34. A　 35. A　 36. D　 37. A　 38. C

39. A　 40. D

第 3 章 Word 2010

一、填空题

1. 单击窗口右上角的_____按钮,可退出 Word 2010。

2. Word 2010 的视图切换区有页面视图、_____、Web 版式视图、_____和_____。

3. 在 Word 2010 窗口中,如果双击某行文字左端的空白处,则选定了_____文字。

4. 在 Word 2010 中,选择某段文本,双击格式刷进行格式应用时,格式刷可以使用的次数是_____。

5. 在 Word 2010 的_____选项卡中,可以对纸张大小进行设置。

6. 在 Word 2010 中,单击状态栏上的"改写","改写"两字变为"插入",表示目前处于_____状态。

7. 用 Word 进行编辑时,要将选定区域的内容放到剪贴板上,可单击"开始"选项卡内"剪贴板"组的_____。

8. 单击"页面布局"选项卡内"页面背景"组的_____按钮,将弹出"边框和底纹"对话框,可以对页面边框进行设置。

9. 在 Word 2010 中,单击"开始"选项卡内"段落"组的_____按钮,可使文本左对齐。

10. 在"查找和替换"高级功能的对话框中,选择通配符复选框可在要查找的文本中输入通配符实现_____查找。

二、单选题

1. 在 Word 2010 中用于编辑和显示文档内容的是(   )。

A. 标题栏　　　　　B. 状态栏　　　　　C. 文档编辑区　　　D. 功能区

2. 在 Word 的文档窗口中进行最小化操作后,(   )。

A. 会将指定的文档关闭

B. 会关闭文档及其窗口

C. 文档的窗口和文档都没关闭

D. 会将指定的文档从外存中读入,并显示出来

3. 在快速访问工具栏中, ↶ 按钮的功能是(   )。

A. 撤销上次操作　　　　　　　　B. 加粗

C. 设置下画线　　　　　　　　　D. 改变所选择内容的字体颜色

4. 第一次保存文件时,将出现(   )对话框。

A. 保存　　　　　B. 全部保存　　　C. 另存为　　　　D. 保存为

5. 启动 Word 后,第一个新文档的名称是(   )。

A. 随机的 8 个字符作为文件名　　　B. 自动命名为" *.docx"

C. 自动命名为"文档1"   D. 没有文件名

6. 在 Word 2010 中要使文字居中,可单击(　　)组中的"居中"按钮。

A. 字体   B. 段落   C. 样式   D. 编辑

7. 在 Word 中,快捷键 Ctrl + S 的作用是(　　)。

A. 查找文档   B. 创建一个新文档

C. 保存文档   D. 剪切所选定的内容

8. 在使用 Word 进行文字编辑时,下列叙述中错误的是(　　)。

A. Word 可将正在编辑的文档另存为一个纯文本(TXT)文件

B. 使用"文件"菜单中的"打开"命令可以打开一个已存在的 Word 文档

C. 在打印预览时,打印机必须是已经开启的

D. Word 允许同时打开多个文档

9. 给单位的每位销售人员制作一份名片,用(　　)命令最简便。

A. 复制   B. 信封   C. 邮件合并   D. 标签

10. 在"页面布局"选项卡内"页面背景"组中单击(　　)按钮可以设置水印。

A. 水印   B. 自定义水印   C. 页面边框   D. 页面底纹

11. 在 Word 2010 中要添加"页眉"应单击(　　)选项卡内"页眉页脚"组中的"页眉"按钮。

A. 页眉   B. 页脚   C. 页眉页脚   D. 插入

12. 要使页眉编辑转入页脚编辑就单击"导航"组中的(　　)按钮。

A. 页脚   B. 转至页脚   C. 页眉   D. 页眉页脚

13. 能显示页眉和页脚的视图方式是(　　)。

A. 普通视图   B. 页面视图   C. 大纲视图   D. 全屏幕视图

14. 将插入点定位于句子"飞流直下三千尺"中的"直"与"下"之间,按一下 Del 键,则该句子(　　)。

A. 变为"飞流下三千尺"   B. 变为"飞流直三千尺"

C. 整句被删除   D. 不变

15. 在 Word 主窗口的右上角,可以同时显示的按钮是(　　)。

A. 最小化、还原和最大化   B. 还原、最大化和关闭

C. 最小化、还原和关闭   D. 还原和最大化

16. Word 2010 中的页边距可以通过(　　)设置。

A. "页面布局"选项卡内的"页边距"

B. "开始"选项卡内的"段落"

C. "页面"视图下的"标尺"

D. "插入"选项卡内的"页边距"

17. 给文档添加"脚注",单击(　　)选项卡内"脚注"组中的"插入脚组"按钮,即可进入编辑状态。

A. 插入   B. 页面布局   C. 引用   D. 视图

18. 在 Word 中,对于设置每行的高度为1.5倍行距,下列说法中正确的是(　　)。

A. 此行中最小字体高度的1.5倍

B. 此行中最大字体高度的1.5倍

C. 此行中默认字体高度的1.5倍

D. 此行中平均字体高度的1.5倍

19. 在 Word 中关于页眉和页脚的设置,下列叙述中错误的是(　　)。

A. 允许为文档的第一页设置不同的页眉和页脚

B. 允许为文档的每节设置不同的页眉和页脚

C. 允许为偶数页和奇数页设置不同的页眉和页脚

D. 不允许页眉或页脚的内容超出页边距范围

20. 在 Word 2010 中要选取不连续的内容时需按(　　)键。

A. Ctrl　　　　　　B. Shift　　　　　　C. Alt　　　　　　D. Ctrl + Shift

21. 在 Word 中,调整文本行间距应选取(　　)。

A. "视图"选项卡内的"标尺"

B. "插入"选项卡内"段落"组中的"行距"

C. "开始"选项卡内"段落"组中的"行距"

D. "格式"选项卡内"段落"组中的"行距"

22. 在 Word 2010 中要对文档进行"分栏"应单击"页面布局"选项卡内"页面设置"组中的(　　)按钮。

A. 页边距　　　　　B. 纸张大小　　　　C. 分栏　　　　　D. 文字方向

23. 在 Word 2010 中要插入一个表格应单击"插入"选项卡内"表格"组中的(　　)按钮。

A. 插入　　　　　　B. 表格　　　　　　C. 插入表格　　　　D. 插图

24. 在表格中要使两个单元格合并成一个单元格可以单击"合并"组中的(　　)按钮。

A. 擦除　　　　　　B. 合并单元格　　　C. 绘制表格　　　　D. 删除单元格

25. 在 Word 中,下列关于表格操作的叙述中错误的是(　　)。

A. 可以将表中两个单元格或多个单元格合并成一个单元格

B. 可以将两张表格合并成一张表格

C. 不能将一张表格拆分成多张表格

D. 可以为表格加上实线边框

26. 在 Word 2010 中设置字符颜色,应先选定文字,再选择"开始"选项卡内(　　)组中的命令。

A. 段落　　　　　　B. 字体　　　　　　C. 样式　　　　　D. 颜色

27. 在 Word 中,能将所有的标题分组显示出来,但不显示图形对象的视图是(　　)。

A. 页面视图　　　B. 大纲视图　　　C. 阅读版式视图　　D. 草稿视图

28. 在 Word 的编辑状态下,选择了文档全文,若需要在"段落"对话框中设置行距为"20磅"的格式,应该选择行距列表中的(　　)。

A. 单倍行距　　　B. 1.5倍行距　　　C. 多倍行距　　　D. 固定值

29. 在 Word 2010 中,下列关于使用图形的叙述中错误的是(   )。

A. 图片可以调整大小,还可以进行裁剪

B. 插入的图片可以嵌入文字中间,也可以浮在文字上方

C. 图片可以插入到文档中已有的图文框中,也可以插入到文档中的其他位置

D. 只能使用 Word 2010 本身提供的图片,而不能使用从其他图形软件中转换来的图片

30. 在 Word 的图形中添加文字后,如果移动图形,则图形内的文字(   )。

A. 一定不随图形移动

B. 一定跟随图形移动

C. 可能跟随图形移动,也可能不随图形移动

D. 原来位置上的文字不变,但会跟随移动的图形在新位置上复制一份同样内容的文字

31. 在 Word 2010 中,不选择任何文本就设置字体,则(   )。

A. 不对任何文本起作用　　　　　　B. 对全部文本起作用

C. 对当前文本起作用　　　　　　　D. 对插入点后新输入的文本起作用

32. 在 Word 2010 的文本框中可插入(   )。

A. 表格　　　　　B. 文字和图片　　　　C. 文字和表格　　　　D. 文字、图片和表格

33. 在 Word 2010 中插入图片的环绕方式默认为(   )。

A. 嵌入型　　　　　B. 四周型　　　　　C. 紧密型　　　　　D. 穿越型

34. 在 Word 2010 中,选定表格的一列,再按 Del 键,意味着(   )。

A. 该列内容被删除

B. 该列被删除后,表格减少了一列

C. 该列被删除后,原表被拆分成左右两个表格

D. 以上说法都不对

35. 在对 Word 表格的编辑中,下列操作不一定会产生空行的是(   )。

A. 将插入点移动到表格某一行的行结束符处,按 Enter 键

B. 将插入点移动到表格最后一行的行结束符处,按 Enter 键

C. 将插入点移动到表格某一行的最右边的单元格内,按 Tab 键

D. 将插入点移动到表格最后一行的最右边的单元格内,按 Tab 键

36. 新建 Word 文档的快捷键是(   )。

A. Ctrl + N　　　　　B. Ctrl + O　　　　　C. Ctrl + C　　　　　D. Ctrl + S

37. 在 Word 中,下列叙述中正确的是(   )。

A. 不能够将"考核"替换为"kaohe",因为一个是中文,一个是英文字符串

B. 不能够将"考核"替换为"中级考核",因为它们的字符长度不相等

C. 能够将"考核"替换为"中级考核",因为替换长度不必相等

D. 不可以将含空格的字符串替换为无空格的字符串

38. 要使文本的第一个字下沉,应该单击"插入"选项卡内"文本"组中的(   )按钮。

A. 艺术字　　　　　B. 对象　　　　　C. 首字下沉　　　　　D. 文档部件

39. 关于 Word 表格的操作,正确的说法是(   )。

A. 对单元格只能水平拆分　　　　　　B. 对单元格只能垂直拆分

C. 对表格只能水平拆分　　　　　　D. 对表格只能垂直拆分

40. 在 Word 2010 中,下列说法中正确的是(　　　)。

A. 可将文本转化为表格,但表格不能转化成文本

B. 可将表格转化为文本,但文本不能转化成表格

C. 文本和表格不能互相转化

D. 文本和表格可以互相转化

◇参考答案

一、填空题

1. 关闭　2. 阅读版式视图,大纲视图,草稿视图　3. 一段　4. 无限次　5. 页面布局　6. 插入　7. 剪切或复制　8. 页面边框　9. 左对齐　10. 模糊

二、单选题

1. C　2. C　3. A　4. C　5. C　6. B　7. C　8. C　9. C　10. A　11. D　12. B　13. B
14. B　15. C　16. A　17. C　18. B　19. D　20. A　21. C　22. C　23. B　24. B　25. C
26. B　27. B　28. D　29. D　30. B　31. A　32. D　33. A　34. A　35. C　36. A　37. C
38. C　39. C　40. D

第 4 章　Excel 2010

一、填空题

1. 工作表标签的作用是显示工作表的_____。

2. 在 Excel 2010 中拖动单元格的_____可以进行数据填充。

3. Excel 2010 工作表存放的数据种类很多,常用的有_____、字符、日期、公式。

4. 在 Excel 2010 中输入公式进行数据计算时,应该以_____开头。

5. 在 Excel 2010 中,如果没有进行特别设置,则日期型数据默认_____对齐。

6. 在 Excel 2010 中,当录入的数值型数据大于 11 位时,会用_____表示。

7. 当工作表中某个单元格中的数值型数据显示为"####"时,一般可以采取_____或改变数据的显示格式两种方法中的任意一种,使该单元格中的数值正常显示出来。

8. Excel 2010 中的函数可以单独使用,也可以在_____中使用。

9. 公式中引用的单元格既可以是当前_____中的单元格,也可以是同一工作簿中其他工作表中的单元格。

10. 函数 SUM(A1:A3)等效的公式表示为_____。

二、单选题

1. 在 Excel 2010 中一个工作簿默认由(　　)张工作表组成。

A. 3　　　　　　　　B. 4　　　　　　　　C. 若干　　　　　　　　D. 1

2. Excel 2010 的基本单位是(　　)。

A. 单元格　　　　　B. 工作簿　　　　　C. 工作表　　　　　D. 行

3. 在文档窗口中,同时可编辑多个 Excel 工作簿,标题栏颜色最深的工作簿窗口是(　　)。

A. 临时窗口　　　　B. 活动窗口　　　　C. 正式窗口　　　　D. 数据源窗口

4. 在 Excel 2010 的选项卡中,呈灰色状显示的按钮表示该按钮(　　)。

A. 还没有安装　　　　　　　　B. 显示方式不同

C. 正在被使用　　　　　　　　D. 在当前状态下不能执行

5. 在单元格中输入数字字符串 450001(邮政编码)时,应输入(　　)。

A. 450001　　　　　B. "450001"　　　　C. '450001　　　　D. 450001'

6. 在单元格中输入(　　),可使该单元格显示 0.3。

A. 6/20　　　　　　B. =6/20　　　　　C. =6\20　　　　　D. =20\6

7. 当输入的数字被系统识别为正确时,会采用(　　)对齐方式。

A. 居中　　　　　　B. 靠右　　　　　　C. 靠左　　　　　　D. 不动

8. 在单元格中输入"(123)"显示的值为(　　)。

A. −123　　　　　　B. 123　　　　　　C. "123"　　　　　D. (123)

9. 单元格 A1、B1、C1、D1 中的值分别是 2、3、7、3,则 =SUM(A1 : C1)/D1 为( )。

A. 4　　　　　　B. 12/3　　　　　　C. 5　　　　　　D. 12

10. 在 Excel 工作表中,可以使用的数据格式没有( )。

A. 文本　　　　B. 数值　　　　　　C. 日期　　　　D. 视频

11. 在 Excel 工作表生成 Excel 图表时,( )。

A. 无法从工作表生成图表

B. 图表只能嵌入在当前工作表中,不能作为新工作表保存

C. 图表不能嵌入在当前工作表中,只能作为新工作表保存

D. 图表既能嵌入在当前工作表中,又能作为新工作表保存

12. 列号默认用( )表示。

A. 英文字母　　B. 汉字　　　　　　C. 数字　　　　D. 汉字 + 字母

13. 在编辑菜单中,可以将选定单元格的内容清空,而保留单元格格式信息的是( )命令。

A. 清除　　　　B. 删除　　　　　　C. 撤销　　　　D. 剪切

14. 在 Excel 中,( )函数用于计算平均值。

A. AVERAGE　　B. SUM　　　　　　C. MAX　　　　D. COUNT

15. 在全校学生考试成绩的数据清单中,只显示外语系学生的成绩记录,可使用"数据"选项卡中的( )按钮。

A. 分类汇总　　B. 筛选　　　　　　C. 排序　　　　D. 分列

16. 合并单元格可在单元格格式对话框中的( )选项卡中设置。

A. 字体　　　　B. 数字　　　　　　C. 对齐　　　　D. 保护

17. 在选取单元格时,鼠标指针为( )。

A. 竖条光标　　B. 空心十字光标　　C. 箭头光标　　D. 不确定

18. 在 Excel 中,要同时选择多个不相邻的工作表,在依次单击各个工作表的标签前应先按住( )。

A. Tab 键　　　B. Alt 键　　　　　C. Shift 键　　D. Ctrl 键

19. 在 Excel 工作表的单元格中,下列表达式输入错误的是( )。

A. = $ A2 : $ A3　　　　　　　　B. = A2 ; A3

C. = SUM(Sheet2 ! A1)　　　　　D. = 10

20. 在 Excel 工作表的单元格中,下列表达式输入错误的是( )。

A. = (15 − A1)/3　　　　　　　　B. = A2/C1

C. SUM(A2 : A4)/2　　　　　　　D. = A2 + A3 + A4

21. 在 Excel 工作表的 A1 : A10 单元格中分别输入 10 个数(1—10),在 B1 单元格中输入 = A1^2,将这个公式复制到 B2 : B10 单元格区域,在 B10 单元格中公式的形式为( )。

A. = A1^2　　　　　　　　　　　B. = A10^2

C. $ A $ 1^2　　　　　　　　　　D. = $ A $ 10^2

22. 在下列关于单元格的说法中,不正确的是( )。

A. 单元格是最小单位　　　　　　B. 单元格可以进行拆分

C. 单元格可以进行合并　　　　　D. 单元格的名称由行号和列号构成

23. 在 Excel 中,如鼠标单击某个单元格,则在编辑栏左端的名称框中显示该单元格的( )。

　A. 内容　　　　　　B. 行号　　　　　　C. 列号　　　　　　D. 地址

24. 在 A1 单元格中设定其数字格式为整数,当输入"33.51"后,显示为( )。

　A. 33.51　　　　　B. 33　　　　　　　C. 34　　　　　　　D. ERROR

25. 假如单元格 D2 中的值为 6,则函数 = IF(D2 > 8,D2/2,D2 * 2)的运算结果是( )。

　A. 3　　　　　　　B. 6　　　　　　　C. 8　　　　　　　D. 12

26. 在 Excel 中,若已经将单元格的数据格式设置为日期型,则下列输入方法不会得到正确日期的是( )。

　A. 17.1.1　　　　　B. 17/1/1　　　　　C. 17-1-1　　　　　D. 17-1/1

27. 在 Excel 工作表中,A1:A10 单元格区域中分别存放的数据为 1、1、2、3、5、8、13、21、36、57,在单元格 A12 中计算这 10 个数值的平均值,下列函数中正确的是( )。

　A. MAX(A1:A10)　　　　　　　　　B. SUM(A1:A10)

　C. AVERAGE(A1:A10)　　　　　　　D. COUNT(A1:A10)

28. 在 Excel 中,以下选项引用函数正确的是( )。

　A. = (SUM)A1:A5　　　　　　　　 B. = SUM(A2,B3:B)

　C. = SUMA1:A5　　　　　　　　　 D. = SUM(A10,B5:B10)

29. SUM(A1:B3　B2:C5)中有( )个单元格参与了运算。

　A. 1　　　　　　　B. 2　　　　　　　C. 3　　　　　　　D. 4

30. 生成图表的数据发生变化后,图表( )。

　A. 必须进行编辑后才会发生变化　　　B. 会发生变化,但与数据无关

　C. 不会发生变化　　　　　　　　　　D. 会发生相应的变化

31. 在 Excel 工作表中,已输入的数据如下图所示,如将 D2 单元格中的公式复制到 B2 单元格中,则 B2 单元格的值为( )。

	A	B	C	D
1	1		3	
2	2		4	=$C$1+C2

　A. 5　　　　　　　B. 11　　　　　　　C. 7　　　　　　　D. 3

32. 在 Excel 中,下列公式中正确的是( )。

　A. = "计算机"&"应用"　　　　　　　 B. = '计算机'&'应用'

　C. = "计算机"&"应用"　　　　　　　 D. = (计算机)&(应用)

33. 若在 A2 单元格中输入" = 56 > = 57",则显示结果是( )。

　A. 56 < 57　　　　B. = 56 < 57　　　　C. TRUE　　　　　　D. FALSE

34. A1 = 10,B1 = 8,A2 = 6,B2 = 4,则公式 = SUM(A1:B2)的结果为( )。

　A. 8　　　　　　　B. 14　　　　　　　C. 28　　　　　　　D. 24

35. A1 = 200,B1 = 300,A2 = 50,B2 = 60,则公式 = IF(A1 < = 60,A2,B2)的结果为( )。

　A. 200　　　　　　B. 300　　　　　　C. 50　　　　　　　D. 60

36. 在 Excel 工作表中,在单元格 A1 中输入函数 ROUND(123.456,2),则单元格 A1 中的结果是(   )。

    A. 123.46   B. 123.45   C. 123.000   D. 100

37. 在 Excel 工作表的单元格中输入公式,其运算符有优先顺序,下列说法中错误的是(   )。

    A. 百分比优先于乘方   B. 乘和除优先于加和减

    C. 字符串连接优先于关系运算   D. 乘方优先于负号

38. 若对 A3:A12 单元格区域的文字排序,公式正确并能用于列填充的是(   )。

    A. = RANK(A3:A12)

    B. = RANK(A3,A3:A12)

    C. = RANK(A3,$A$3:$A$12)

    D. = RANK($A$3,$A$3:$A$12)

39. 若统计 B2 到 K2 行中含有"√"的个数,则函数使用正确的是(   )。

    A. COUNTA(B2:K2,"√")   B. COUNT(B2,K2)

    C. COUNTIF(B2:K2,"√")   D. COUNTIF("√",B2:K2)

40. 在 Excel 工作表的 A1:B8 单元格区域中,各单元格输入了如下数据,其中 B9 单元格所显示的结果是(   )。

	A	B
1	姓名	成绩
2	张三	75
3	李四	缺考
4	王五	96
5	刘丹	76
6	关宏	缺考
7	张雪	86
8	汪玫	67
9	考试人数	=COUNT(B2:B8)

    A. #VALUE!   B. 5   C. 7   D. 8

41. 设置两个排序条件的目的是(   )。

    A. 第一排序条件完全相同的记录以第二排序条件确定记录的排列顺序

    B. 记录的排列顺序必须同时满足这两个条件

    C. 记录的排序必须符合这两个条件之一

    D. 根据两个排序条件的成立与否,再确定是否对数据表进行排序

42. 分类汇总前必须先对数据清单进行(   )。

    A. 筛选   B. 排序   C. 查找   D. 定位

43. 在数据清单的高级筛选的条件区域中,对于各字段"与"的条件(   )。

    A. 必须写在同一行中   B. 可以写在不同行中

    C. 一定要写在不同行中   D. 对条件表达式所在的行无严格的要求

44. 在 Excel 的数据排序中,汉字字符按其(   )。

    A. 笔画排序   B. 拼音排序   C. 字型排序   D. 字号排序

45. 在 Excel 的工作表中,数据清单中的行代表的是一个(　　　)。

A. 域 　　　　　　B. 记录 　　　　　　C. 字段 　　　　　　D. 表

◇参考答案

一、填空题

1. 名称　2. 填充柄　3. 数字　4. =　5. 右　6. 科学记数法　7. 加大列宽　8. 公式
9. 工作表　10. = A1 + A2 + A3

二、单选题

1. A　2. A　3. B　4. D　5. C　6. B　7. B　8. A　9. A　10. D　11. D　12. A
13. A　14. A　15. B　16. C　17. B　18. D　19. B　20. C　21. B　22. B　23. D　24. C
25. D　26. A　27. C　28. D　29. B　30. D　31. A　32. A　33. D　34. C　35. D　36. A
37. D　38. C　39. C　40. B　41. A　42. B　43. A　44. B　45. B

第5章 PowerPoint 2010

一、填空题

1. 用 PowerPoint 制作的幻灯片在放映时,要使两张幻灯片之间的切换采用向右擦除的方式,可在 PowerPoint 的_____选项卡中设置。

2. PowerPoint 提供了5种视图方式,分别是普通视图、_____、幻灯片浏览视图、备注页视图、幻灯片放映视图。

3. 用 PowerPoint 2010 应用程序所创建的用于演示的文件称为_____,其扩展名为_____;模板文件的扩展名为_____。

4. PowerPoint 2010 可利用模板来创建新的演示文稿,PowerPoint 2010 提供了两类模板,即样本模板和_____模板。

5. 在 PowerPoint 2010 中,可以为幻灯片中的文字、形状、图形等对象设置动画效果,设置基本动画的方法是先在_____窗格中选择好对象,然后可选用"动画"选项卡内_____组中的"动画样式"命令。

6. PowerPoint 2010 的普通视图可同时显示幻灯片、大纲和_____,而这些显示内容所在的窗口都可以调整大小,以便可以看到所有的内容。

7. PowerPoint 的一大特色就是可以使演示文稿的所有幻灯片具有一致的外观。控制幻灯片外观的方法主要有_____、模板、_____。

8. 将文本添加到幻灯片中最简易的方式是直接将文本键入幻灯片的任何一个占位符中。要在占位符外的其他地方添加文字,可以在幻灯片中插入_____。

9. 在幻灯片的背景设置过程中,如单击_____按钮,则当前的背景设置对演示文稿的所有幻灯片起作用,否则只对所选择的幻灯片起作用。

10. 在"页眉和页脚"对话框中,可以设置幻灯片的日期和时间、_____、页脚等信息。

11. 控制幻灯片放映的3种方式是_____、_____、_____。

12. 要为幻灯片添加页眉和页脚,应单击_____选项卡内_____组中的"页眉和页脚"按钮。

13. 占位符就是幻灯片上一种带有虚线或阴影线的_____。

14. 在讲义母版中有4个可以输入文本的占位符,它们分别是页眉区、页脚区、日期区和_____。

15. _____是指幻灯片中文本和图片等元素的布局方式,它确定了幻灯片中要显示内容的位置和格式。

二、单选题

1. 在 PowerPoint 2010 的各种视图中,显示单个幻灯片用于文本编辑的视图是( )。

A. 普通视图　　　　　　　　　　B. 幻灯片浏览视图

C.幻灯片放映视图　　　　　　　　　D.大纲视图

2.下列视图中不属于 PowerPoint 2010 视图的是(　　)。

A.普通视图　　　B.放映视图　　　C.页面视图　　　D.备注页视图

3.在幻灯片浏览视图下,设置幻灯片的切换效果后,在幻灯片(　　)显示相应的动画符号。

A.左侧　　　　　B.右侧　　　　　C.左下角　　　　D.右下角

4.在 PowerPoint 中,可以为文本、图形等对象设置动画效果,以突出重点或增加演示文稿的趣味性,设置动画效果可采用(　　)选项卡内的相关命令。

A.插入　　　　　B.动画　　　　　C.设计　　　　　D.视图

5.在 PowerPoint 2010 的大纲窗格中,不可以(　　)。

A.插入幻灯片　　B.删除幻灯片　　C.移动幻灯片　　D.添加文本框

6.在 PowerPoint 2010 的主界面窗口(即工作窗口)中不包含(　　)。

A.“开始”选项卡　　　　　　　　　B.“切换”选项卡

C.“动画”选项卡　　　　　　　　　D.“数据”选项卡

7.在 PowerPoint 2010 中制作演示文稿时,若要插入一张新幻灯片,其操作为(　　)。

A.单击“文件”选项卡内的“新建”命令

B.单击“插入”选项卡内“幻灯片”组中的“新建幻灯片”按钮

C.单击“开始”选项卡内“幻灯片”组中的“新建幻灯片”按钮

D.单击“设计”选项卡内“幻灯片”组中的“新建幻灯片”按钮

8.在 PowerPoint 2010 中,编辑幻灯片时如果要设置文本的字形(如粗体、倾斜或下画线)时,可以先单击(　　)选项卡。

A.文件　　　　　B.开始　　　　　C.插入　　　　　D.设计

9.在 PowerPoint 中,为了在切换幻灯片时添加声音,可以使用(　　)选项卡内的“声音”命令。

A.切换　　　　　B.幻灯片放映　　C.插入　　　　　D.动画

10.在自定义动画时,下列说法中不正确的是(　　)。

A.各种对象均可设置动画　　　　　B.设置动画后,先后顺序不可改变

C.同时还可设置声音　　　　　　　D.可将对象设置成播放后隐藏

11.在新增一张幻灯片时,默认的幻灯片版式是(　　)。

A.空白版式　　　B.标题幻灯片　　C.标题和内容　　D.标题和表格

12.在 PowerPoint 中,可以创建某些(　　),在幻灯片放映时单击它们,就可以跳转到特定的幻灯片或运行一个嵌入的演示文稿。

A.按钮　　　　　B.过程　　　　　C.替换　　　　　D.粘贴

13.在 PowerPoint 中,幻灯片(　　)是一组特殊的幻灯片,包含已设定格式的占位符,这些占位符是为标题、主要文本和所有幻灯片中出现的背景项目而设置的。

A.模板　　　　　B.母版　　　　　C.版式　　　　　D.样式

14.在 PowerPoint 中改变正在编辑的演示文稿主题的方法是(　　)。

A.选用“设计”选项卡内的“主题”命令

B. 选用"插入"选项卡内的"版式"命令

C. 选用"幻灯片放映"选项卡内的"自定义动画"命令

D. 选用"切换"选项卡内的"主题"命令

15. 要在当前打开的演示文稿上设置基本动画是选择（   ）。

A."动画"选项卡内的"自定义动画"

B."动画"选项卡内的"动画"

C."动画"选项卡内的"基本动画"

D."动画"选项卡内的"高级动画"

16. 对某张幻灯片进行了隐藏设置后,则（   ）。

A. 在幻灯片视图窗格中,该张幻灯片被隐藏了

B. 在大纲视图窗格中,该张幻灯片被隐藏了

C. 在幻灯片浏览视图状态下,该张幻灯片被隐藏了

D. 在幻灯片演示状态下,该张幻灯片被隐藏了

17. 如果要从当前幻灯片"溶解"到下一张幻灯片,应使用（   ）选项卡进行设置。

A. 动作设置　　　B. 切换　　　　C. 幻灯片放映　　　D. 自定义动画

18. 在 PowerPoint 中,通过（   ）设置后,单击观看放映按钮后能够自动放映。

A. 排练计时　　　B. 动画　　　　C. 自定义动画　　　D. 幻灯片设计

19. 在自定义动画设置中,（   ）是正确的。

A. 只能用鼠标来控制,不能用时间来设置控制

B. 只能用时间来控制,不能用鼠标来设置控制

C. 既能用鼠标来控制,又能用时间来设置控制

D. 鼠标和时间都不能设置控制

20. 当一张幻灯片要建立超链接时,下列说法中错误的是（   ）。

A. 可以链接到其他的幻灯片上

B. 可以链接到计算机硬盘中的可执行文件

C. 可以链接到其他演示文稿上

D. 不可以链接到其他演示文稿上

21. 超链接只有在（   ）中才能被激活。

A. 普通视图　　　　　　　　　　B. 大纲视图

C. 幻灯片浏览视图　　　　　　　D. 放映视图

22. 在 PowerPoint 2010 中,可以使用拖动的方法来改变幻灯片顺序的视图是（   ）。

A. 阅读视图　　　　　　　　　　B. 备注页视图

C. 幻灯片浏览视图　　　　　　　D. 幻灯片放映视图

23. 可以对幻灯片进行移动、删除、添加、复制、设置切换效果,但不能编辑幻灯片中具体内容的视图是（   ）。

A. 普通视图　　　　　　　　　　B. 幻灯片浏览视图

C. 幻灯片放映视图　　　　　　　D. 大纲视图

24. 在幻灯片放映时,用户可以利用绘图笔在幻灯片上写字或画画,这些内容(　　)。

A. 自动保存在演示文稿中　　　　　　B. 不能保存在演示文稿中

C. 在本次演示中不可擦除　　　　　　D. 在本次演示中可以擦除

25. 要使幻灯片中的标题、图片、文字等按用户的要求顺序出现,应进行的设置是(　　)。

A. 设置放映方式　　　　　　　　　　B. 设置幻灯片切换

C. 设置自定义动画　　　　　　　　　D. 设置幻灯片链接

26. 在 PowerPoint 2010 中,如果只想放映第 2、5、7 这 3 张幻灯片,可使用(　　)。

A. 幻灯片切换　　　B. 动画方案　　　C. 自定义放映　　　D. 自定义动画

27. 在编辑演示文稿时,要在幻灯片中插入表格、剪贴画或照片等图形,应在(　　)中进行设置。

A. 备注页视图　　　　　　　　　　　B. 幻灯片浏览视图

C. 幻灯片窗格　　　　　　　　　　　D. 大纲窗格

28. 在 PowerPoint 2010 中保存演示文稿时,若要保存为"PowerPoint 放映"文件类型时,其扩展名为(　　)。

A. . txt　　　　　B. . ppt　　　　　C. . pps　　　　　D. . bas

29. 在播放演示文稿时,下列说法中正确的是(　　)。

A. 只能按顺序播放　　　　　　　　　B. 只能按幻灯片编号的顺序播放

C. 不能倒回去播放　　　　　　　　　D. 可以按任意顺序播放

30. 将幻灯片设置为"循环放映"的方法是(　　)。

A. 单击"设计"选项卡内的"设置幻灯片放映"按钮

B. 单击"幻灯片放映"选项卡内的"设置幻灯片放映"按钮

C. 单击"插入"选项卡内的"设置幻灯片放映"按钮

D. 无循环放映选项,所以上述说法都不正确

31. 在幻灯片中,直接插入 swf 格式 Flash 动画文件的方法是(　　)。

A. 选择"插入"选项卡内的"对象"命令

B. 设置动作按钮

C. 设置文字的链接

D. 选择"插入"选项卡内的"视频"命令,选择"文件中的视频"。

32. 在幻灯片中插入声音文件,幻灯片播放时(　　)。

A. 用鼠标单击声音图标,才能开始播放

B. 只能在有声音图标的幻灯片中播放,不能跨幻灯片连续播放

C. 只能连续播放声音,中途不能停止

D. 可以按需要灵活设置声音文件的播放

33. 在 PowerPoint 2010 中,停止幻灯片播放的快捷键是(　　)。

A. Enter　　　　　B. Shift　　　　　C. Esc　　　　　D. Ctrl

34. 如果要将演示文稿放在另外一台没有安装 PowerPoint 软件的计算机上播放,需要进行(　　)。

A. 复制、粘贴操作　　　　　　　　B. 重新安装软件和文件

C. 打包操作　　　　　　　　　　　D. 新建幻灯片文件

35. 放映当前幻灯片的快捷键是(　　)。

A. F6　　　　　　B. F5　　　　　　C. Shift + F6　　　　　　D. Shift + F5

◇参考答案

一、填空题

1. 切换　2. 阅读视图　3. 演示文稿, pptx, potx　4. Office.com　5. 幻灯片, 动画　6. 备注
7. 主题, 母版　8. 文本框　9. 全部应用　10. 幻灯片编号　11. 演讲者放映, 观众自行浏览,
在展台浏览　12. 插入, 文本　13. 矩形框　14. 页码区　15. 版式

二、单选题

1. A　2. C　3. C　4. B　5. D　6. D　7. C　8. B　9. A　10. B　11. C　12. A　13. B　14. A
15. B　16. D　17. B　18. A　19. C　20. D　21. D　22. C　23. B　24. D　25. C　26. C
27. C　28. C　29. D　30. B　31. D　32. D　33. C　34. C　35. D

第 6 章　计算机网络与 Internet

一、填空题

1. 因特网上每台工作的计算机都有一个独有的_____地址。

2. Internet 中的 IPv4 地址由_____位二进制数组成。

3. 在 IE 地址栏输入的"http://www.cqu.edu.cn/"中,"http"代表的是_____。

4. POP3/SMTP 是 Internet 上_____的协议。

5. 局域网的英文缩写是_____。

6. Internet 的前身是 1969 年美国国防部高级研究计划局建立的_____,最早用于军事试验。

7. 学校的校园网按地理范围应属于_____。

8. 域名中的 cn 后缀通常表示_____。

9. 假设以 name1 为用户名,在域名为 cqrk.edu.cn 的 Internet 邮件服务器上申请到一个免费的电子邮箱,则该用户的电子邮件地址为_____。

10. WWW 中的信息资源是由许多 Web 页为元素构成的,这些 Web 页之间是采用_____方式进行组织的。

二、单选题

1. 电子邮箱的地址由什么组成?（　　）

A. 按用户名和主机域名的先后顺序组成,它们之间用符号"@"分隔

B. 按主机域名和用户名的先后顺序组成,它们之间用符号"@"分隔

C. 按主机域名和用户名的先后顺序组成,它们之间用符号"."分隔

D. 按用户名和主机域名的先后顺序组成,它们之间用符号"."分隔

2. 电子邮件的收发双方（　　）。

A. 不必同时打开计算机

B. 必须同时打开计算机

C. 在邮件传递的过程中必须都是开机的

D. 应约定收发邮件的时间

3. 利用 FTP 功能在网上（　　）。

A. 只能传输文本文件　　　　　　　B. 只能传输二进制编码格式的文件

C. 可以传输任何类型的文件　　　　D. 播放电影

4. 在下列关于电子邮件的说法中,不正确的是（　　）。

A. 电子邮件只能发送文本文件　　　B. 电子邮件可以发送图形文件

C. 电子邮件可以发送二进制文件　　D. 电子邮件可以发送主页形式的文件

5. 计算机网络按地理位置划分,不包括(　　　　)。

A. 物联网　　　　　B. 局域网　　　　　C. 城域网　　　　　D. 广域网

6. Internet 的范围是(　　　　)。

A. 区域性的　　　　B. 全球性的　　　　C. 中国国内　　　　D. 企业内部

7. 主机的 IP 地址和主机域名的关系是(　　　　)。

A. 两者完全是一回事　　　　　　　　B. 一一对应

C. 一个 IP 地址可对应多个域名　　　　D. 一个域名可对应多个 IP 地址

8. 一个计算机网络包括(　　　　)。

A. 传输介质和通信设备　　　　　　　B. 通信子网和资源子网

C. 用户计算机和终端　　　　　　　　D. 主机和通信处理机

9. 计算机网络按网络拓扑结构划分,不包括(　　　　)。

A. 星型网络　　　　B. 总线型网络　　　　C. 菱形网络　　　　D. 树型网络

10. 在下列关于双绞线的叙述中,正确的是(　　　　)。

①它既可以传输模拟信号,也可以传输数字信号。

②安装方便,价格便宜。

③不易受外部干扰,误码率低。

④通常只用作建筑物内的局部网通信介质。

A. ①②③　　　　　B. ①②④　　　　　C. ②③④　　　　　D. 全部

11. URL 即统一资源定位符,它的格式为(　　　　)。

A. 协议名://IP 地址和域名　　　　　　B. 协议名:\\IP 地址和域名

C. 协议名://IP 地址或域名　　　　　　D. 协议名:\\IP 地址或域名

12. 域名有规定的格式,下列格式中正确的是(　　　　)。

A. 网络名. 机器名. 机构名. 最高域名　　B. 机器名. 网络名. 机构名. 最高域名

C. 机器名. 网络名. 机构名. 国家名　　　D. 网络名. 机器名. 机构名. 国家名

13. WWW 是(　　　　)。

A. 局域网的简称　　B. 城域网的简称　　C. 广域网的简称　　D. 万维网的简称

14. 下面 IP 地址中合法的是(　　　　)。

A. 202. 96. 209. 5　　　　　　　　　B. 202,120,111,19

C. 202;130;114;18　　　　　　　　　D. 96;12;18;1

15. 在下列关于域名的叙述中,正确的是(　　　　)。

A. cn 代表中国,com 代表商业机构　　　B. cn 代表中国,edu 代表科研机构

C. uk 代表美国,gov 代表政府机构　　　D. uk 代表中国,ac 代表教育机构

16. 主机域名为 www. eastday. com,其中表示网络名的是(　　　　)。

A. www　　　　　　B. eastday　　　　　C. com　　　　　　D. 以上都不是

17. ISP 是指(　　　　)。

A. 因特网服务提供者　　　　　　　　B. 因特网的专线接入方式

　　C.拨号上网方式　　　　　　　　　　D.因特网内容供应者

◇参考答案

一、填空题

1.IP　　2.32　　3.超文本传输协议　　4.收发邮件　　5.LAN　　6.ARPANet 或 阿帕网

7.局域网　　8.中国　　9.name1@cqrk.edu.cn　　10.超链接

二、单选题

1.A　2.A　3.C　4.A　5.A　6.B　7.C　8.B　9.C　10.D　11.C　12.B　13.D　14.A

15.A　16.B　17.A

第2部分　综合实验

第1章　计算机基础概述

实验　指法练习

一、实验目的

1. 熟悉微型计算机的开机、关机方法。
2. 熟练掌握鼠标的基本操作。
3. 掌握打开和关闭应用程序的方法。
4. 熟悉键盘的布局，掌握基本指法要领，通过中英文输入的练习，打字速度至少达到30~40个汉字/分钟。

二、实验任务

【任务1】在计算机上练习开机、关机，要求观察在启动和关闭计算机的过程中所出现的信息。

【任务2】以 Word 2010 应用程序为例，练习应用程序的启动和退出以及鼠标的基本操作。

【任务3】通过"打字高手"软件进行指法练习，掌握键盘的正确操作姿势及指法，各手指负责的基准键如图1.1所示，键盘指法分区如图1.2所示。

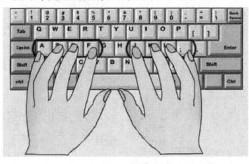

图1.1　基准键

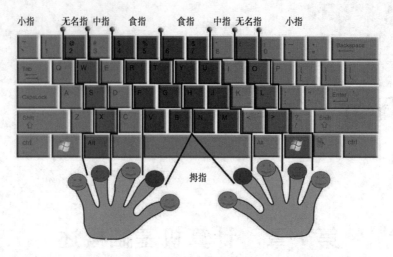

图 1.2　键盘指法分区

第2章　Windows 7 操作系统

实验一　Windows 7 的基本操作、文件管理与控制面板的使用

一、实验目的

1. 掌握桌面的设置。
2. 掌握任务栏的使用和设置。
3. 掌握任务切换的方法。
4. 掌握快捷方式的创建方法。
5. 掌握文件和文件夹的搜索。
6. 掌握文件和文件夹显示方式的设置。
7. 掌握文件和文件夹的属性设置。
8. 掌握输入法的添加和删除。
9. 掌握用户账户的管理。
10. 掌握系统信息的查看方法。

二、实验任务

【任务1】更改桌面设置。

具体内容如下：

(1)查看显示器的分辨率及颜色。

(2)设置屏幕保护程序为"彩带"，等待时间为 5 min。

(3)设置桌面背景：选用"风景"主题中的全部图片，设置以 10 s 的间隔时间更换图片，保存主题，更改名字为"我的照片"。

(4)在桌面右上角添加"日历"和"时钟"小工具，并将"日历"工具关闭。

【任务2】任务栏的基本设置。

具体内容如下：

(1)更改任务栏的位置，将任务栏依次移到屏幕的左边缘、上边缘和右边缘，最后移回下边缘。

(2)将任务栏自动隐藏，更改合并方式为"当任务栏被占满时合并"，并将任务栏上的时钟关闭。

【任务3】新建3个 Word 文档，利用3种不同的方法将3个文档依次切换为当前窗口。

【任务4】在桌面上创建快捷方式。

具体内容如下：

(1)在桌面上创建对应文件夹 C:\Windows 的快捷方式，并将快捷方式改名为"Windows"。

（2）在桌面上创建与"截图工具"对应的快捷方式,并为快捷方式设置快捷键Ctrl + Alt + X。

【任务 5】搜索 C:\Windows 文件夹下文件大小在 1 ~ 16MB 的扩展名为. jpg 的图片。

【任务 6】分别以超大图标、列表、详细信息、内容等方式浏览"任务 5"搜索到的图片, 并观察各种显示方式之间的区别;分别按名称、大小、文件类型和修改时间对 C:\Windows 主目录进行排序,观察 4 种排序方式的区别。

【任务 7】在桌面上新建一个文本文件 123. txt,将其设置为隐藏属性,观察效果,最后再取消隐藏属性的设置。

【任务 8】删除"简体中文双拼"输入法,添加"简体中文郑码"输入法。

【任务 9】创建一个新用户 Test,授予计算机管理员权限,并且将自己的学号设置为密码。

【任务 10】查看并记录相关的系统信息。
（1）Windows 版本:_____;
（2）CPU 型号:_____;
（3）内存容量:_____;
（4）计算机名称:_____;
（5）工作组:_____。

三、部分任务操作提示

【任务 1】
（1）设置桌面背景。
提示如下:
①在桌面空白处右击,在弹出的快捷菜单中选择"个性化"菜单项。
②在"更改计算机上的视觉效果和声音"中选择"风景"主题。
③选择下方的"桌面背景"链接,并设置"更改图片时间间隔"为 10 s,单击"保存修改";此时自动退回上一层窗口,在"我的主题"框中出现"未保存主题"图标。
④在"我的主题"框中,单击"保存主题",更改名字为"我的风景",如图 2.1 所示。
（2）在桌面右上角添加"日历"和"时钟"小工具,并将"日历"工具关闭。
提示如下:
①在桌面空白处右击,在弹出的快捷菜单中选择"小工具"菜单项打开对话框,如图2.2 所示。
②选择"日历"和"时钟"小工具,用双击的方法添加到桌面。
③右击"日历"工具,在弹出的快捷菜单中选择"关闭小工具"菜单项。
【任务 3】
提示如下:
方法 1:选择对应文档的窗口按钮;
方法 2:连续按 Alt + Tab 组合键;
方法 3:连续按 Alt + Esc 组合键。

图2.1 桌面背景设置

图2.2 桌面小工具

【任务4】

在桌面上创建与"截图工具"对应的快捷方式,并为快捷方式设置快捷键 Ctrl + Alt + X。

提示如下:

①在"开始"菜单"所有程序"的"附件"中找到菜单项"截图工具"。

②用 Ctrl + 鼠标拖曳的方法,将菜单项拖到桌面上。

③右击其快捷方式选择"属性",打开"截图工具 属性"对话框,将鼠标定位在"快捷键"文本框中,输入"Ctrl + Alt + X",如图2.3 所示。

图 2.3 "截图工具 属性"对话框

【任务 6】

提示如下：

①选择"查看"菜单下的超大图标、列表、详细信息、内容等菜单项更改显示方式。

②进入 C：\Windows 目录下，将显示方式更改为详细信息，单击名称、大小、文件类型和修改时间的列标题，可对文件和文件夹进行排序。

【任务 7】

提示如下：

①在桌面空白处右击，在快捷菜单中选择"新建"→"文本文档"菜单项，输入文件名。

②右击 123. txt 文件选择"属性"菜单项，在弹出的对话框中选择"隐藏"复选框。

③双击桌面上的"计算机"打开窗口，选择"工具"→"文件夹选项"菜单项，在弹出的对话框中选择"显示隐藏的文件、文件夹和驱动器"，如图 2.4 所示。

④回到桌面，打开 123. txt 文件的属性窗口，取消"隐藏"属性。

【任务 8】

提示如下：

右击任务栏上的输入法指示器，在弹出的快捷菜单中选择"属性"菜单项，打开"文本服务和输入语言"对话框，如图 2.5 所示，依照要求添加、删除输入法。

【任务 10】

提示如下：

右击"计算机"选择"属性"菜单项，打开"系统"窗口，如图 2.6 所示。

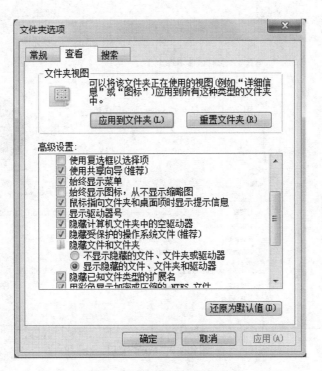

图2.4 "文件夹选项"对话框

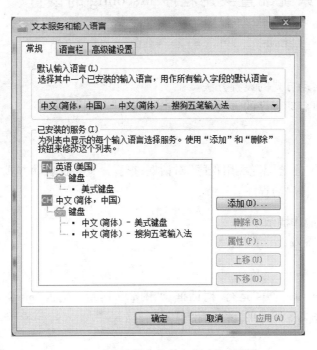

图2.5 "文本服务和输入语言"对话框

图 2.6 "系统"窗口

实验二 系统配置实用程序 Msconfig 的设置

一、实验目的

1. 掌握各种启动方式的设置方法。
2. 掌握管理自启动程序的方法。

二、实验任务

【任务 1】打开"系统配置实用程序"对话框,查看设置各种启动方式的方法。
【任务 2】管理自启动程序。

三、部分任务操作提示

【任务 1】
提示如下:
按快捷键 Win+R 打开"运行"对话框,如图 2.7 所示。输入"msconfig"后单击"确定"按钮即可打开如图 2.8 所示的"系统配置"对话框。

图2.7 "运行"对话框

图2.8 "系统配置"对话框

【任务2】

提示如下：

选择"系统配置"对话框中的"启动"选项卡,可列出计算机所有的自启动项目,如图2.9所示,可以根据需要启用或禁用各种应用程序。

图2.9 自启动项目列表

37

第 3 章　Word 2010

实验一　制作公司招聘广告

一、实验目的

掌握 Word 中文档基本格式的设置方法。

二、实验任务

【任务 1】设置段落格式。
【任务 2】设置项目符号和编号。
【任务 3】设置字符效果。
【任务 4】设置边框效果。

三、部分任务操作提示

【任务 1】
提示如下：
①设置"招聘广告"正文段落首行缩进及行距。
a. 打开"招聘广告. docx"。
b. 选中标题后直到"注意事项"之前的所有段落。
c. 单击"开始"选项卡→"段落"组→"对话框启动器"按钮,打开"段落"对话框,具体设置如图 3.1 所示。

图 3.1　"段落"对话框

d.选中"注意事项"之后的段落,按上述方法将其行距设置为1.5倍行距。

②设置标题段落的段间距。

a.将光标定位在标题段落中,打开"段落"对话框,设置段后间距为1行,如图3.2所示。

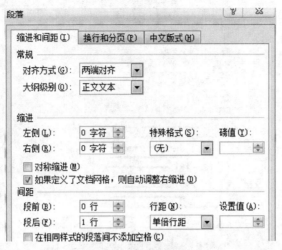

图3.2 设置段间距

b.选中"注意事项",按上述方式设置"注意事项"段落,设置段前和段后间距为1行。

【任务2】

提示如下:

①首先选中"招聘职位"段落,然后按住Ctrl键依次选中"招聘要求""薪酬待遇""报名方式"和"报名日期"段落,然后单击"开始"选项卡→"段落"组→"编号"按钮,打开"编号"列表,选择编号"一、二、三……"样式,单击"确定"按钮即可,如图3.3所示。

图3.3 设置项目编号

②选中"招聘要求"下面的3个段落,打开"编号"列表,单击"编号"下拉列表中的"定

义新编号格式"选项,打开"定义新编号格式"对话框,如图3.4所示。在"编号样式"列表中选择"1,2,3…"样式,在"编号格式"列表中为编号加上一对小括号,单击"确定"按钮即可。

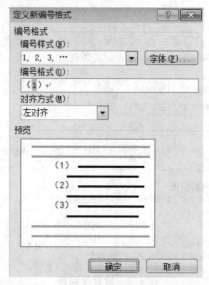

图3.4 "定义新编号格式"对话框

③回到文档页面,重新打开编号列表,选择刚刚定义的编号格式,然后利用标尺上的"悬挂缩进"滑块调整编号后文字的缩进值,如图3.5所示。

④选中"注意事项"下面的两个段落,单击"开始"选项卡→"段落"组→"项目符号"按钮右侧的下三角箭头,打开一个下拉列表,选择如图3.6所示的项目符号。

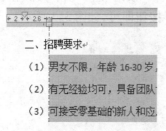

图3.5 利用"悬挂缩进"滑块调整缩进

图3.6 设置项目符号

【任务3】

提示如下:

①选中标题,设置为"小初、居中"。单击"开始"选项卡→"字体"组→"文本效果"按钮,打开下拉列表,在列表中选择第四行第二列的文本效果,如图3.7所示。

②选中"游戏客服"文本,在"字体"组中单击"字符底纹"按钮,为文本添加底纹。

③选中"lixin@sohu.com"电子邮箱文本后右击,在快捷菜单中选择"取消超链接"菜单项,再单击"开始"选项卡→"字体"组→"下划线"按钮→"双下划线"选项,为文本添加双下划线。

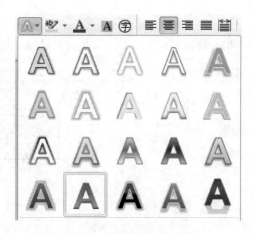

图3.7　设置文本效果

④选中"注意事项"文本,设置为"黑体、小四、居中"。单击"开始"选项卡→"字体"组→"下划线"按钮→"其他下划线"选项,打开"字体"对话框,在"下划线线型"列表中选择"双波浪线"选项,单击"确定"按钮即可。

【任务4】

提示如下:

①选中"注意事项"段落和下面的两个段落,单击"开始"选项卡→"段落"组→"下框线"按钮右侧的下三角箭头,在打开的列表中选择"边框和底纹"选项,打开"边框和底纹"对话框,边框设置如图3.8所示。

图3.8　设置边框

②在"边框和底纹"对话框中选中"底纹"选项卡,设置底纹如图3.9所示。

边框和底纹

| 边框(B) | 页面边框(P) | 底纹(S) |

填充

无颜色

图案

样式(Y)：　20%

颜色(C)：　自动

预览

应用于(L)：
段落

横线(H)...　　　　　　　确定　　取消

图 3.9　设置底纹

实验最终效果如图 3.10 所示。

招聘

重庆立信网络科技有限公司是国内优秀的网络软件开发商，主要从事网络游戏软件产品开发。因业务发展需要，诚聘游戏客服。

一、招聘职位：游戏客服3人

二、招聘要求

（1）男女不限，年龄在16~30岁，要求性格开朗，会电脑打字，喜爱网络游戏。

（2）有无经验均可，具备团队合作精神，有销售工作经验者优先。

（3）可接受零基础的新人和应届生。

三、薪酬待遇

薪酬=底薪（1800~3500元）+全勤奖（200元）+满勤奖（200元）+绩效提成（7%~15%）+

个人奖励+团队奖励

四、报名方式

请将个人简历、学位证明（扫描件）、专业证书（扫描件）及其他材料，发送电子邮件至

lixin@sohu.com。

五、报名日期

2018年3月15日截止。

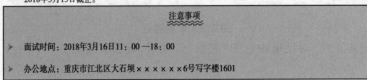

注意事项

➢ 面试时间：2018年3月16日11：00 —18：00

➢ 办公地点：重庆市江北区大石坝××××××6号写字楼1601

图 3.10　招聘广告

实验二 制作旅社宣传页

一、实验目的

掌握 Word 中的图文混排。

二、实验任务

【任务1】设置页面边距。

【任务2】添加图片。

【任务3】添加艺术字。

【任务4】设置文本效果。

【任务5】设置图片版式。

三、部分任务操作提示

【任务1】

提示如下：

①打开"公司宣传页.docx"。

②单击"页面布局"选项卡→"页面设置"组→"对话框启动器"按钮,打开"页面设置"对话框,单击"页边距"选项卡,具体设置如图3.11所示。

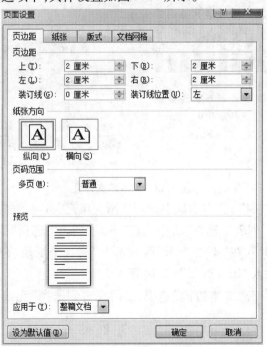

图3.11 "页面设置"对话框

【任务2】

提示如下：

①将插入点定位在文档中。

②单击"插入"选项卡→"插图"组→"图片"按钮，打开"插入图片"对话框，插入"宣传画底图.jpg"。

③鼠标左键选中图片。单击"图片工具—格式"选项卡→"排列"组→"自动换行"按钮，在打开的下拉列表中选中"衬于文字下方"选项，如图3.12所示。

④调整图片的大小及位置。

【任务3】

提示如下：

①单击"插入"选项卡→"文本"组→"艺术字"按钮，在打开的下拉列表中选择第一行第一列的艺术字样式，在文档中会出现一个"请在此放置您的文字"编辑框，在编辑框中输入文字"青青旅社"，调整艺术字到达合适的位置。

图3.12　设置图片版式

②选中艺术字，单击"艺术字工具—格式"选项卡→"艺术字样式"组→"文本填充"按钮→选中"渐变"→"其他渐变"选项，如图3.13所示，打开"设置文本效果格式"对话框。

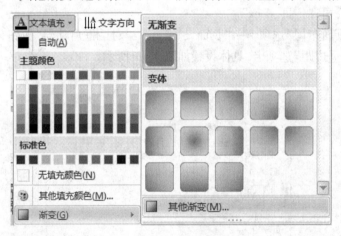

图3.13　文本填充命令

③在"设置文本效果格式"对话框中，选中"渐变填充"选项，在"预设颜色"列表中选择"熊熊火焰"，在"类型"列表中选择"线性"，在"方向"列表中选择"线性向下"，在"角度"文本框中选择或输入"90°"，在"渐变光圈"区域选中"第二个滑块（停止点2）"，然后在"位置"文本框中选择或输入"20%"，如图3.14所示。

④在对话框左侧单击"文本边框"选项，然后在右侧选择"无线条"选项，单击"关闭"按钮。

图3.14 "设置文本效果格式"对话框

【任务4】

提示如下：

①将全文选中,设置全文文本格式为"楷体、四号、首行缩进2字符"。

②选中"地址"文本,单击"开始"选项卡→"字体"组→"文本效果"按钮,在打开的下拉列表中选择第四行第二列的效果,如图3.15所示。

图3.15 文本效果设置

③继续在"文本效果"列表中选择"发光"选项,然后在"发光变体"区域选择第四行第二列的发光效果。

④用格式刷将"发光"的文本效果复制到"城市""电话""简介"文本上。

【任务5】

提示如下：

①将插入点定位在文档中。

②单击"插入"选项卡→"插图"组→"图片"按钮,打开"插入图片"对话框,将"餐厅.

jpg"插入到文档中,将图片版式设置为"紧密型环绕"。

③选中图片,单击"格式"选项卡→"图片样式"组→"图片版式"按钮,打开"图片版式"列表,在列表中选择"蛇形图片题注列表",如图3.16所示。

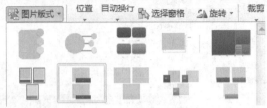

图 3.16　SmartArt 样式设置

④单击题注文本框区域的"文本",然后直接输入文本"酒店餐厅"。

⑤单击"SmartArt 工具—设计"选项卡→"SmartArt 样式"组→"更改颜色"按钮,打开"更改颜色"列表,在列表中选择"强调文字颜色2"中的第三个颜色。

⑥单击"SmartArt 工具—设计"选项卡→"SmartArt 样式"组→下三角形按钮,打开"SmartArt 样式"列表,在列表中选择"三维"区域的"优雅"选项。

⑦选中图形框,调整大小及位置。

⑧按照相同的方法再插入"客房.jpg"图片并设置图片的格式。

实验最终效果如图3.17所示。

地址: 四川省自贡市金水区郁金香公园东南角

城市: 四川省自贡市

电话: 0813-88886666

简介: 青青旅社位于四川省自贡市金水区郁金香公园东南角,地段清幽安静。

距火车站5千米,车程约17分钟,距离最近的长途

汽车站4千米,车程约11分钟,数条公交线路途经

此处。附近有多家大型商场,购物方便。

旅社拥有商务房和标准房。房间内书写位置宽敞,

Wi-Fi完全覆盖,可实现50 MB/s高速上网。酒店建立了强

酒店餐厅

大的红外线防盗系统和全方位的控制系统,使您的入住更为放心;同时酒店全部的装饰

和家具都经过严格的环保检测,为您的健康住宿提供

了可靠保证;酒店也为您第二天的早餐动足了脑筋,

经过大厨、营养师的调配,您一天所需的营养可以从

早餐的20多个品种中获取,为您的健康再添保障。

酒店客房

图 3.17　旅游宣传页

实验三　制作公司内部刊物

一、实验目的

掌握 Word 的页面排版功能。

二、实验任务

【任务1】插入封面。

【任务2】设置分页与分节。

【任务3】设置分栏排版。

【任务4】设置首字下沉。

【任务5】添加页眉和页脚。

【任务6】添加水印。

三、部分任务操作提示

【任务1】

提示如下：

①打开"内部刊物. docx"文件。

②将光标定位在文档中，单击"插入"选项卡→"页"组→"封面"按钮，在打开的下拉列表中选择封面图片"细条纹"。

③将封面上的"标题""副标题""日期""公司""用户"均删除，然后在封面上插入图片"封面图. png"，设置图片版式为"衬于文字下方"，调整大小及位置。

④插入艺术字作为封面文字，设置文字"龙源人"的艺术字样式为样式列表中第五行第三列的效果，其他文字的艺术字样式设置为样式列表中第三行第四列的效果，调整大小及位置，如图3.18所示。

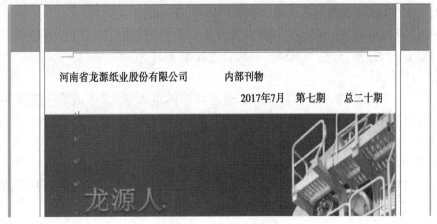

图3.18　封面文字效果

【任务2】

例如,在内部刊物中,文字标题"改革生态环境保护管理体制"在上一页,而内容却在下一页,为了使文档的页面更加整洁,方便阅读,可以在文档中插入一个分页符将文字"改革生态环境保护管理体制"移至下一页中。

提示如下:

①将光标定位在文字"改革生态环境保护管理体制"的前面。

②单击"页面布局"选项卡→"页面设置"组→"分隔符"按钮,在打开的下拉列表的"分页符"区域中选择"分页符"选项,如图 3.19 所示。

例如,在文字标题"改革生态环境保护管理体制"和文字标题"有你存在的夏天"的前面分别插入一个"连续"和"下一页"分节符。

提示如下:

①将光标定位在文字标题"改革生态环境保护管理体制"的前面,单击"页面布局"选项卡→"页面设置"组→"分隔符"按钮,在打开的下拉列表的"分节符"区域中选择"连续"选项插入分节符,如图 3.20 所示。

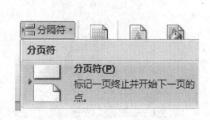

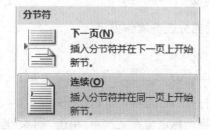

图 3.19　插入分页符　　　　　图 3.20　插入分节符

②将光标定位在文字标题"有你存在的夏天"的前面,在如图 3.20 所示的"分节符"区域中选择"下一页"选项插入分节符。

【任务3】

例如,在内部刊物中将第一篇文章的正文部分分为两栏。

提示如下:

①选中文字标题"改革生态环境保护管理体制"下面的正文内容。

②单击"页面布局"选项卡→"页面设置"组→"分栏"按钮,在"分栏"下拉列表中选择"更多分栏"选项,打开"分栏"对话框,具体设置如图 3.21 所示。

【任务4】

例如,为内部刊物"改革生态环境保护管理体制的重大意义"下面第一段文本的第一个文字设置首字下沉。

提示如下:

①将光标定位在设置首字下沉的段落中。

②单击"插入"选项卡→"文本"组→"首字下沉"按钮,在打开的下拉列表中选择"首字下沉选项",打开"首字下沉"对话框,具体设置如图 3.22 所示。

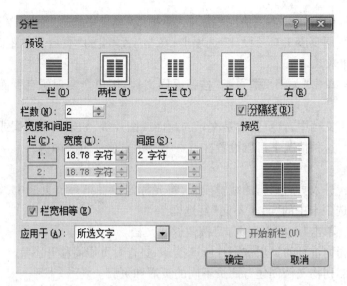

图 3.21 "分栏"对话框

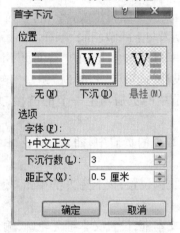

图 3.22 "首字下沉"对话框

【任务5】

例如,给内部刊物全文添加页眉。

提示如下:

①将光标定位在文档的第一节中。

②单击"插入"选项卡→"页眉和页脚"组→"页眉"按钮,在打开的下拉列表中选择"编辑页眉"选项,进入页眉和页脚编辑模式,同时打开"页眉和页脚工具—设计"选项卡,取消"首页不同""奇偶页不同"的勾选,如图3.23所示。然后将光标移到后面的每一节的页眉处进行相同的设置。

③将光标定位在第一节的页眉中,输入"河南省龙源纸业股份有限公司内部刊物"。然后选中页眉,切换到"开始"选项卡,在"字体"组的"文本效果"列表中选择第四行第二列的文本效果。

图 3.23 "页眉页脚工具—设计"选项卡

④在"段落"组中单击"右对齐"按钮,在"下框线"列表中选择"无框线"选项。

⑤切换到"页眉页脚工具—设计"选项卡,在"位置"组的"页眉顶端距离"文本框中选择或输入"1.9 厘米"。

⑥编辑完毕,单击"关闭页眉页脚"按钮返回文档,用户会发现所有页面都被添加了相同的页眉。

例如,在一篇文档中,首页常常是文章的封面或图片等,如果出现页眉或页脚可能会影响到版面的美观,这种情况下可以设置在首页不显示页眉或页脚内容。

提示如下:

①双击页眉,进入页眉页脚的编辑模式,将光标定位在第一节页眉中,勾选"页眉和页脚工具—设计"选项卡中的"首页不同"复选框。

②编辑完毕,单击"关闭页眉页脚"按钮返回文档。

注意:内部刊物首页的页眉被图片所遮挡,如要查看页眉需移开图片。

例如,为内部刊物文档创建奇偶页不同的页眉和页脚。

提示如下:

①双击页眉页脚,进入页眉页脚的编辑模式,将光标定位在第二节的页眉中,此时用户会发现在第二节的页眉上会显示"与上一节相同"字样。

②勾选"页眉和页脚工具—设计"选项卡中的"奇偶页不同"复选框。

③单击"页眉页脚工具—设计"选项卡→"导航"组→"链接到前一条页眉"按钮,取消该按钮的选中状态,断开当前节中的页眉与上一节的链接,此时"与上一节相同"字样将消失。

④将光标定位在第二节偶数页的页眉中,插入一个艺术字"环保要闻",去掉边框线,并将其放置到页眉的右侧位置。

⑤将光标定位在偶数页的页脚位置,按上述方法单击"链接到前一条页眉"按钮,取消该按钮的选中状态。

⑥在页脚处绘制一个竖排文本框,设置文本框无轮廓,输入文本"龙源人 2017.07",将文本框放置到右下角。

⑦将光标定位在第三节奇数页的页眉中,单击"链接到前一条页眉"按钮,取消该按钮的选中状态。选中之前设置的页眉,单击"开始"选项卡→"段落"组→"下框线"旁的下三角形按钮,在"下框线"列表中选择"下框线"选项,然后删除原有的页眉。

⑧按上述的方法设置第三节奇数页的页眉和页脚,并将页眉和页脚的内容放置在左侧的对称位置上。

⑨编辑完毕,单击"关闭页眉页脚"按钮返回文档。

【任务6】

提示如下:

①将光标定位在文档中。

②单击"页面布局"选项卡→"页面背景"组→"水印"按钮,在打开的"水印"列表中选择"自定义水印"选项,打开"水印"对话框,具体设置如图 3.24 所示。

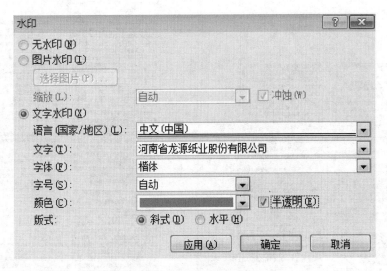

图 3.24　"水印"对话框

实验最终效果如图 3.25 所示。

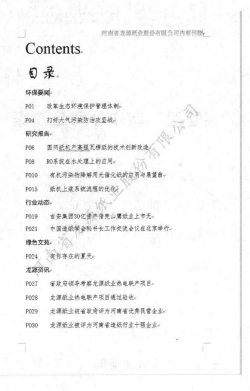

图 3.25 内部刊物

实验四 制作公司工资条

一、实验目的

掌握 Word 的邮件合并功能。

二、实验任务

【任务 1】打开并编辑数据源。

【任务 2】插入合并字段。

【任务 3】排除收件人。

【任务 4】打印合并文档。

三、部分任务操作提示

【任务 1】

提示如下：

①打开"工资条.docx"文件。

②单击"邮件"选项卡→"开始邮件合并"组→"选择收件人"按钮，在打开的下拉列表中选择"使用现有列表"选项，如图 3.26 所示，打开"选取数据源"对话框。

③在"选取数据源"对话框中选择"公司员工工资表.xlsx"数据源,单击"打开"按钮,将数据源打开,在弹出的"选择表格"对话框中选择 Sheet1,然后单击"确定"按钮,如图 3.27 所示。

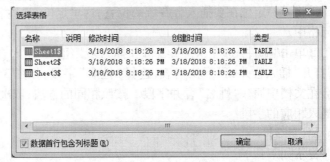

图 3.26　选取数据源命令　　　　　　　　　　　图 3.27　"选择表格"对话框

④单击"邮件"选项卡→"开始邮件合并"组→"编辑收件人列表"按钮,打开"邮件合并收件人"对话框,如图 3.28 所示。

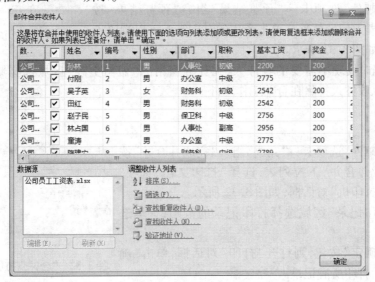

图 3.28　"邮件合并收件人"对话框

⑤在"调整收件人"列表中选择"筛选"选项,打开"筛选和排序"对话框,设置筛选条件,如图 3.29 所示。

图 3.29　"筛选和排序"对话框

【任务2】

提示如下：

①将光标定位在要插入合并域的位置，这里定位在"姓名"下面的单元格中。

②单击"邮件"选项卡→"编辑和插入域"组→"插入合并域"按钮，打开"插入合并域"下拉列表，选择"姓名"字段，如图3.30所示，将会在文档中插入"姓名"合并字段。按照相同的方法，依次在单元格中插入相应的字段。

图3.30 插入合并域

【任务3】

提示如下：

①单击"邮件"选项卡→"开始邮件合并"组→"开始邮件合并"按钮，在打开的下拉列表中选择"邮件合并分步向导"选项，打开"邮件合并"任务窗格。

②单击"邮件"选项卡→"预览结果"组→"预览结果"按钮，将显示出插入域的效果。单击旁边的左右箭头可以浏览不同的收件人，如图3.31所示。

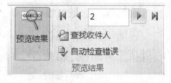

图3.31 预览命令

③在预览时发现不需要的收件人，在任务窗格的"做出更改"区域选择"排除此收件人"选项，将该收件人排除在合并工作之外。

【任务4】

提示如下：

①单击"邮件"选项卡→"完成"组→"完成并合并"按钮，打开"完成并合并"下拉列表，选择"打印文档"选项，打开"合并到打印机"对话框，如图3.32所示。

②在"打印记录"区域选择打印记录的范围，这里选择"全部"。

③单击"确定"按钮，则打开"打印"对话框，单击"确定"按钮，开始打印所有记录。

图3.32 "合并到打印机"对话框

实验最终效果如图3.33所示。

工资条

姓名	性别	部门	职称	基本工资	奖金	津贴	加班费	应发工资	个人所得税	实发工资
付刚	男	办公室	中级	2775	200	500		3475	24	3451

工资条

姓名	性别	部门	职称	基本工资	奖金	津贴	加班费	应发工资	个人所得税	实发工资
李鹏	女	办公室	中级	2626	200	500		3326	17	3309

工资条

姓名	性别	部门	职称	基本工资	奖金	津贴	加班费	应发工资	个人所得税	实发工资
宫丽	女	办公室	中级	2612	200	500		3312	16	3296

图3.33 公司工资条

第4章　Excel 2010

实验一　制作办公用品领用管理表

一、实验目的

1. 掌握 Excel 中单元格格式的设置。
2. 掌握 Excel 中数据有效性的设置。
3. 掌握 Excel 中函数的使用。

二、实验任务

【任务 1】打开"办公用品领用表. xlsx",如图 4.1 所示,将 Sheet1 的工作表名称修改为"办公用品领用表"。

	A	B	C	D	E	F	G	H
1	**公司办公用品领用管理表							
2	领取日期	所在部门	物品名称	数量	单价（元）	总价值（元）	使用期限	领用人签字
3	2017年1月1日		资料袋	2	4.8		2017年1月25日	张林
4	2017年1月1日		调试机	1	3600			赵楠
5	2017年1月3日		打印纸	2	35			李萌
6	2017年1月5日		IC卡	10	5			周果
7	2017年1月5日		塑胶密封桶	1	65			王芬
8	2017年1月8日		激光扫描仪	1	8800		2017年1月9日	陈毅
9	2017年1月9日		纸茶杯	2	6.5			刘勇
10	2017年1月12日		加压器	1	380		2017年1月29日	马冬

图 4.1　办公用品领用表初始化

【任务 2】对标题"＊＊公司办公用品领用管理表"合并后居中,字体设为"14 磅、微软雅黑、加粗"。除标题以外的内容在水平、垂直方向均居中对齐。

【任务 3】对表格进行单元格格式的设置:对除了标题行以外的内容添加红色粗线的外框、橙色虚线的内框;"单价"列和"总价值"列的数据设为数值型,保留 2 位小数;对第 2 行的表头文字添加灰色的底纹。

【任务 4】对"使用期限"列中无内容的单元格画上斜线。

【任务 5】使用"数据有效性"设置部门列表菜单。要求:"所在部门"列使用数据有效性定义序列,内容为行政部、市场部、设计部、人事部、财务部、采购部。

【任务 6】计算总价值(总价值 = 单价 × 数量)。

三、部分任务操作提示

【任务 3】

提示如下:

①添加边框:选中 A2:H10 区域,右击→选择"设置单元格格式"命令→在打开的"设置单元格格式"对话框中选择"边框"选项卡,先修改颜色和样式,再单击"外边框"或者"内

部",设置完成后,单击"确定"按钮。

②设置"单价"列和"总价值"列的数据:选中对应两列的数据区域部分 E3:F10,右击→选择"设置单元格格式"命令→在打开的"设置单元格格式"对话框中选择"数字"选项卡,选择"数值"选项,小数位数在右侧设为"2"。

③添加底纹:选中 A2:H2 区域,右击→选择"设置单元格格式"命令→在打开的"设置单元格格式"对话框中选择"填充"选项卡,选择灰色底纹即可。

任务完成后的效果如图 4.2 所示。

	A	B	C	D	E	F	G	H
1	**公司办公用品领用管理表							
2	领取日期	所在部门	物品名称	数量	单价(元)	总价值(元)	使用期限	领用人签字
3	2017年1月1日		资料袋	2	4.80		2017年1月25日	张林
4	2017年1月1日		调试机	1	3600.00			赵楠
5	2017年1月3日		打印纸	2	35.00			李萌
6	2017年1月5日		IC卡	10	5.00			周果
7	2017年1月5日		塑胶密封桶	5	65.00			王芬
8	2017年1月8日		激光扫描仪	1	8800.00		2017年1月9日	陈毅
9	2017年1月9日		纸茶杯	2	6.50			刘勇
10	2017年1月12日		加压器	1	380.00		2017年1月29日	马冬

图 4.2　单元格格式设置完成后的效果图

【任务 4】

提示如下:

按住 Ctrl 键,选中需要添加斜线的区域 G4:G7 和 G9 单元格,右击→选择"设置单元格格式"命令→在打开的"设置单元格格式"对话框中选择"边框"选项卡,将颜色修改为黑色,样式选择黑色细线,选择右下角斜线,单击"确定"按钮,如图 4.3 所示。

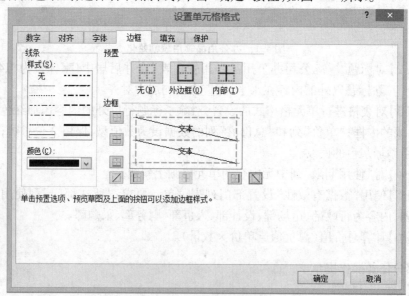

图 4.3　斜线的添加

任务完成后的效果如图 4.4 所示。

		公司办公用品领用管理表					
领取日期	所在部门	物品名称	数量	单价（元）	总价值（元）	使用期限	领用人签字
2017年1月1日		资料袋	2	4.80		2017年1月25日	张林
2017年1月1日		调试机	1	3600.00			赵楠
2017年1月3日		打印纸	2	35.00			李萌
2017年1月5日		IC卡	10	5.00			周果
2017年1月5日		塑胶密封桶	5	65.00			王芬
2017年1月8日		激光扫描仪	1	8800.00		2017年1月9日	陈毅
2017年1月9日		纸茶杯	2	6.50			刘勇
2017年1月12日		加压器	1	380.00		2017年1月29日	马冬

图4.4　斜线添加完成的效果图

【任务5】

提示如下：

①选中数据区域 B3：B10，单击"数据"选项卡→"数据工具"组→"数据有效性"按钮，打开"数据有效性"对话框。

②选择"设置"选项卡，在"允许"下拉菜单中选择"序列"，在"来源"输入框中输入要求的部门序列"行政部,市场部,设计部,人事部,财务部,采购部"，不同部门间用英文的逗号隔开，单击"确定"按钮完成设置，如图4.5所示。

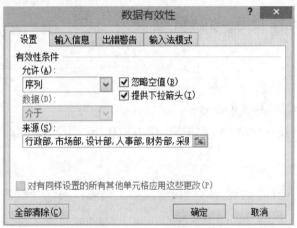

图4.5　数据有效性的设置

任务完成后的效果如图 4.6 所示。

		公司办公用品领用管理表					
领取日期	所在部门	物品名称	数量	单价（元）	总价值（元）	使用期限	领用人签字
2017年1月1日	人事部	资料袋	2	4.80		2017年1月25日	张林
2017年1月1日	市场部	调试机	1	3600.00			赵楠
2017年1月3日	行政部	打印纸	2	35.00			李萌
2017年1月5日	设计部	IC卡	10	5.00			周果
2017年1月5日	采购部	塑胶密封桶	5	65.00			王芬
2017年1月8日	市场部	激光扫描仪	1	8800.00		2017年1月9日	陈毅
2017年1月9日	市场部	纸茶杯	2	6.50			刘勇
2017年1月12日	设计部	加压器	1	380.00		2017年1月29日	马冬

图4.6　数据有效性效果图

【任务6】

提示如下：

单击 F3 单元格,手动录入公式,因为总价值=单价×数量,所以公式为"=D3 * E3"。其他行的总价通过鼠标拖曳填充即可。

办公用品领用表的最终效果如图4.7所示。

图4.7 办公用品领用表最终效果图

实验二 制作员工考勤管理表

一、实验目的

1. 掌握 Excel 中条件格式的设置。

2. 掌握 Excel 中 IF、COUNTA、COUNT、COUNTIF、SUMIFS 等函数的使用。

二、实验任务

【任务1】打开"员工考勤表.xlsx",内含两张工作表:"员工考勤表"(见图4.8)和"分析表"(见图4.9)。

图4.8 员工考勤表

图 4.9 分析表

【任务 2】在"员工考勤表"中,将住房补贴、生活补贴、医疗补贴中 125～380 的数值设置为红色加粗的格式。

【任务 3】在"员工考勤表"中,计算请假扣款。病假、事假、旷工均属于请假类别,缺席一次扣款 50 元。

【任务 4】在"员工考勤表"中,计算迟到扣款。迟到一次扣款 20 元。

【任务 5】在"员工考勤表"中,计算满勤奖金。若请假和迟到的次数为 0,则满勤奖金为 200 元,反之,满勤奖金为 0 元。

【任务 6】在"员工考勤表"中,计算合计的值。合计 = 住房补贴 + 生活补贴 + 医疗补贴 - 请假扣款 - 迟到扣款 + 满勤奖金。

【任务 7】在"分析表"的 B2 单元格内,计算满勤奖金所占比例。结果设置为百分比形式,保留 1 位小数。

【任务 8】在"分析表"的 B3 单元格内,计算人事部的合计金额总计。

三、部分任务操作提示

【任务 2】

提示如下:

选中单元格区域 D3:F14,单击"开始"选项卡→"样式"组→"条件格式"按钮,在打开的下拉列表中选择"突出显示单元格规则"→"介于"选项,输入限制范围,选择"自定义格式",字体设为"红色、加粗",单击"确定"按钮,如图 4.10 所示。

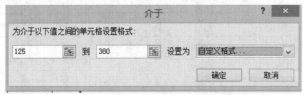

图 4.10 条件格式的设置

任务完成后的效果如图 4.11 所示。

员工考勤表

职工号	姓名	所属部门	住房补贴	生活补贴	医疗补贴	病假	事假	旷工	迟到	请假扣款	迟到扣款	满勤奖金	合计
001	李果	财务部	420	300	150	0	0	0	0				
002	张军	销售部	360	240	120	0	3	0	2				
003	朱子金	企划部	360	240	120	0	1	0	0				
004	赵青	企划部	360	240	120	10	0	0	0				
005	郭美玲	研发部	360	240	120	0	1	0	1				
006	王雪	网络安全部	360	240	120	0	0	0	0				
007	吴冬梅	人事部	360	240	120	0	0	0	0				
008	徐菲菲	服务部	360	240	120	1	0	1	2				
009	张烈	网络安全部	400	260	130	0	1	0	0				
010	谭峰	服务部	400	260	130	0	1	0	0				
011	赵中华	人事部	400	260	130	0	3	0	1				
012	李娜	财务部	400	260	130	2	0	0	0				

图4.11　设置条件格式的效果图

【任务3】

提示如下：

单击 K3 单元格，录入公式。因为病假、事假、旷工均属于请假类别，缺席一次扣款 50 元，所以请假扣款 = 50 * （病假次数 + 事假次数 + 旷工次数），即公式为" = 50 * （G3 + H3 + I3）"或者为" = 50 * SUM（G3 : I3）"，其他人的请假扣款通过鼠标拖曳填充即可。

任务完成后的效果如图 4.12 所示。

员工考勤表

职工号	姓名	所属部门	住房补贴	生活补贴	医疗补贴	病假	事假	旷工	迟到	请假扣款	迟到扣款	满勤奖金	合计
001	李果	财务部	420	300	150	0	0	0	0	0			
002	张军	销售部	360	240	120	0	3	0	2	150			
003	朱子金	企划部	360	240	120	0	1	0	0	50			
004	赵青	企划部	360	240	120	10	0	0	0	500			
005	郭美玲	研发部	360	240	120	0	1	0	1	50			
006	王雪	网络安全部	360	240	120	0	0	0	0	0			
007	吴冬梅	人事部	360	240	120	0	0	0	0	0			
008	徐菲菲	服务部	360	240	120	1	0	1	2	100			
009	张烈	网络安全部	400	260	130	0	1	0	0	50			
010	谭峰	服务部	400	260	130	0	1	0	0	50			
011	赵中华	人事部	400	260	130	0	3	0	1	150			
012	李娜	财务部	400	260	130	2	0	0	0	100			

图4.12　请假扣款效果图

【任务4】

提示如下：

单击 L3 单元格，录入公式" = J3 * 20"，其他人的迟到扣款通过鼠标拖曳填充即可。

任务完成后的效果如图 4.13 所示。

员工考勤表

职工号	姓名	所属部门	住房补贴	生活补贴	医疗补贴	病假	事假	旷工	迟到	请假扣款	迟到扣款	满勤奖金	合计
001	李果	财务部	420	300	150	0	0	0	0	0	0		
002	张军	销售部	360	240	120	0	3	0	2	150	40		
003	朱子金	企划部	360	240	120	0	1	0	0	50	0		
004	赵青	企划部	360	240	120	10	0	0	0	500	0		
005	郭美玲	研发部	360	240	120	0	1	0	1	50	20		
006	王雪	网络安全部	360	240	120	0	0	0	0	0	0		
007	吴冬梅	人事部	360	240	120	0	0	0	0	0	0		
008	徐菲菲	服务部	360	240	120	1	0	1	2	100	40		
009	张烈	网络安全部	400	260	130	0	1	0	0	50	0		
010	谭峰	服务部	400	260	130	0	1	0	0	50	0		
011	赵中华	人事部	400	260	130	0	3	0	1	150	20		
012	李娜	财务部	400	260	130	2	0	0	0	100	0		

图4.13　迟到扣款效果图

【任务5】

提示如下：

分析题目，应该用 IF 函数来计算。逻辑判断为病假 + 事假 + 旷工 + 迟到 = 0，则满勤奖金为 200，其余情况，满勤奖金为 0。单击 M3 单元格，插入 IF 函数，根据上述分析，参数设置如图 4.14 所示，其他人的满勤奖金通过鼠标拖曳填充即可。

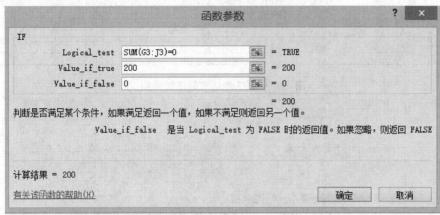

图 4.14　IF 函数参数设置

任务完成后的效果如图 4.15 所示。

员工考勤表

职工号	姓名	所属部门	住房补贴	生活补贴	医疗补贴	病假	事假	旷工	迟到	请假扣款	迟到扣款	满勤奖金	合计
001	李果	财务部	420	300	150	0	0	0	0	0	0	200	
002	张军	销售部	360	240	120	0	3	0	2	150	40	0	
003	朱子金	企划部	360	240	120	0	1	0	0	50	0	0	
004	赵青	企划部	360	240	120	10	0	0	0	500	0	0	
005	郭美玲	研发部	360	240	120	0	1	0	1	50	20	0	
006	王雪	网络安全部	360	240	120	0	0	0	0	0	0	200	
007	吴冬梅	人事部	360	240	120	0	0	0	0	0	0	200	
008	徐菲菲	服务部	360	240	120	1	0	1	2	100	40	0	
009	张烈	网络安全部	400	260	130	0	1	0	0	50	0	0	
010	谭峰	服务部	400	260	130	0	1	0	0	50	0	0	
011	赵中华	人事部	400	260	130	0	3	0	1	150	20	0	
012	李娜	财务部	400	260	130	2	0	0	0	100	0	0	

图 4.15　满勤奖金效果图

【任务6】

提示如下：

单击 N3 单元格，根据计算方式，录入公式" = D3 + E3 + F3 − K3 − L3 + M3"，其他人的合计通过鼠标拖曳填充即可。

员工考勤表的最终效果如图 4.16 所示。

【任务7】

提示如下：

分析：满勤奖金所占比例：满勤奖金为 200 的人数除以总人数。满勤奖金为 200 的人数用 COUNTIF 函数统计，总人数可以用 COUNTA 函数或者 COUNT 函数统计。

①单击 B2 单元格，插入 COUNTIF 函数，参数设置如图 4.17 所示。单击"确定"按钮，将鼠标定位在编辑栏最右侧，输入"/"，接着插入 COUNTA 函数或者 COUNT 函数。

员工考勤表

职工号	姓名	所属部门	住房补贴	生活补贴	医疗补贴	病假	事假	旷工	迟到	请假扣款	迟到扣款	满勤奖金	合计
001	李果	财务部	420	300	150	0	0	0	0	0	0	200	1070
002	张军	销售部	360	240	120	0	3	0	2	150	40	0	530
003	朱子金	企划部	360	240	120	0	0	0	0	50	0	0	670
004	赵青	企划部	360	240	120	10	0	0	0	500	0	0	220
005	郭美玲	研发部	360	240	120	0	1	0	1	50	20	0	650
006	王雪	网络安全部	360	240	120	0	0	0	0	0	0	200	920
007	吴冬梅	人事部	360	240	120	0	0	0	0	0	0	200	920
008	徐菲菲	服务部	360	240	120	1	0	1	2	100	40	0	580
009	张烈	网络安全部	400	260	130	0	1	0	0	50	0	0	740
010	谭峰	服务部	400	260	130	0	1	0	0	50	0	0	740
011	赵中华	人事部	400	260	130	0	3	0	1	150	20	0	620
012	李娜	财务部	400	260	130	2	0	0	0	100	0	0	690

图 4.16 员工考核表最终效果图

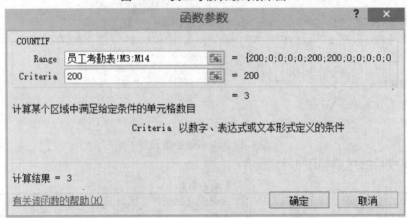

图 4.17 COUNTIF 函数参数的设置

②完整的求解公式为"= COUNTIF(员工考勤表! M3:M14,200)/COUNTA(员工考勤表! M3:M14)",按回车键后,显示结果为 0.25。选中 0.25,右击→选择"设置单元格格式"命令→在打开的"设置单元格格式"对话框中选择"数字"选项卡,选择"百分比"选项,小数位数在右侧设置为"1"。显示结果为 25.0%,如图 4.18 所示。

B2		f_x	=COUNTIF(员工考勤表!M3:M14,200)/COUNTA(员工考勤表!M3:M14)			
	A		B	C	D	E	F
1	分析表					
2	满勤奖金所占比例		25.0%			
3	人事部的合计金额总计					

图 4.18 满勤奖金所占比例计算结果

【任务8】

提示如下:

分析:求和区域为"合计"列,条件限制为"人事部"。任务内容属于条件求和,可以使用 SUMIF 函数或者 SUMIFS 函数进行求解。本例采用 SUMIFS 函数求解。

①单击 B3 单元格,插入 SUMIFS 函数,具体的参数设置如图 4.19 所示。

②单击"确定"按钮,得到结果 1540。

分析表的最终效果如图 4.20 所示。

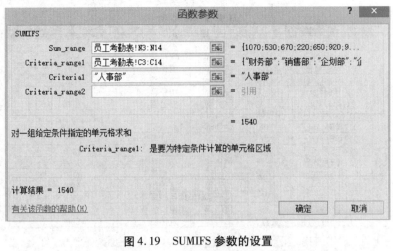

图4.19 SUMIFS 参数的设置

图4.20 分析表最终效果图

实验三 制作日常费用管理表

一、实验目的

1. 掌握 Excel 中分类汇总的操作。
2. 掌握 Excel 中数据透视表的操作。
3. 掌握 Excel 中数据筛选的操作。
4. 掌握 Excel 中图表的相关操作。

二、实验任务

【任务1】打开"日常费用管理表. xlsx",如图4.21所示。

【任务2】将工作表"日常费用记录"的数据复制、粘贴到 Sheet2、Sheet3、Sheet4 工作表中,结束此操作后,修改工作表名称,将"日常费用记录"修改为"日常费用记录分类汇总表",并将 Sheet2 的名称修改为"数据透视表",将 Sheet3 的名称修改为"高级筛选",将 Sheet4 的名称修改为"数据图表"。

【任务3】在工作表"日常费用记录分类汇总表"中,按照所属部门对"出额"求和。

【任务4】在工作表"数据透视表"中,按照所属部门、经办人,对"出额"求平均值。

【任务5】在工作表"高级筛选"中,筛选出企划部员工或者出额在3 000 元以上的记录。

【任务6】在工作表"数据图表"中,把经办人、出额生成二维簇状柱形图,并做以下修改:修改图表标题为"员工出额图表";将横轴显示坐标轴标题设为"姓名",将纵轴显示坐

日 常 费 用 记 录 表						
日期	经办人	所属部门	费用类别	入额	出额	备注
2017年2月20日	白浩	财务部	办公费	45000	260	
2017年2月25日	丁超	广告部	宣传费		560	
2017年3月1日	彭霜	技术部	维修费		680	
2017年4月10日	秦赫浓	企划部	差旅费		880	
2017年5月2日	任骁涛	技术部	维修费		360	
2017年5月2日	阮亚龙	财务部	办公费		280	
2017年5月15日	田思翰	财务部	办公费		300	
2017年5月16日	妥方安	企划部	差旅费		1580	
2017年5月17日	徐勇	销售部	差旅费		2480	
2017年5月18日	杨波	市场部	差旅费		4800	
2017年5月18日	杨长康	销售部	差旅费		5000	
2017年5月20日	杨德隆	市场部	差旅费		4000	
2017年5月20日	杨飞	广告部	宣传费		680	
2017年5月22日	曹高	科研部	项目扩展费		4000	
2017年5月22日	丁志	科研部	项目扩展费		6000	
2017年5月23日	金鑫	广告部	宣传费		560	

日常费用记录 / Sheet2 / Sheet3

图4.21 日常费用管理表

标轴标题设为"额度";图例放置在底部;图表区域内容填充水蓝色,边框为红色加粗的2.75磅圆角矩形;纵轴主要刻度值修改为2000。

三、部分任务操作提示

【任务3】

提示如下:

①将光标定位在"所属部门"列的任意一个单元格,单击如图4.22所示的"升序"或者"降序"按钮,完成排序的操作。

②将光标定位在数据区域内任意一个单元格,单击"数据"选项卡→"分级显示"组→"分类汇总"按钮,打开"分类汇总"对话框,在"分类字段"下拉列表中选择刚排完序的"所属部门",在"汇总方式"下拉列表中选择"求和",在"选定汇总项"列表框中勾选"出额",如图4.23所示。

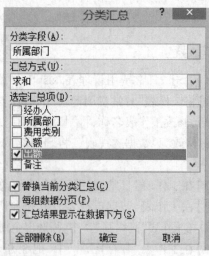

图4.22 分类字段排序   图4.23 分类汇总设置

分类汇总的最终效果如图 4.24 所示。

1 2 3	A	B	C	D	E	F	G
	日常费用记录表						
2	日期	经办人	所属部门	费用类别	入额	出额	备注
3	2017年2月20日	白浩	财务部	办公费	45000	260	
4	2017年5月2日	阮亚龙	财务部	办公费		280	
5	2017年5月15日	田思翰	财务部	办公费		300	
6	财务部 汇总					840	
7	2017年2月25日	丁超	广告部	宣传费		560	
8	2017年5月20日	杨飞	广告部	宣传费		680	
9	2017年5月23日	金鑫	广告部	宣传费		560	
10	广告部 汇总					1800	
11	2017年3月1日	彭霜	技术部	维修费		680	
12	2017年5月2日	任晓涛	技术部	维修费		360	
13	技术部 汇总					1040	
14	2017年5月22日	曹嵩	科研部	项目扩展费		4000	
15	2017年5月22日	丁志	科研部	项目扩展费		6000	
16	科研部 汇总					10000	
17	2017年4月10日	秦赫浓	企划部	差旅费		880	
18	2017年5月16日	妥方安	企划部	差旅费		1580	
19	企划部 汇总					2460	
20	2017年5月18日	杨波	市场部	差旅费		4800	
21	2017年5月20日	杨德隆	市场部	差旅费		4000	
22	市场部 汇总					8800	
23	2017年5月17日	徐勇	销售部	差旅费		2480	
24	2017年5月18日	杨长康	销售部	差旅费		5000	
25	销售部 汇总					7480	
26	总计					32420	

图 4.24 分类汇总最终效果图

【任务 4】

提示如下:

分析:因为两个分类字段为"所属部门"和"经办人",所以采用数据透视表。

①将光标定位在"数据透视表"数据区域的任意一个单元格,单击"插入"选项卡→"表格"组→"数据透视表"按钮,打开"创建数据透视表"对话框,如图 4.25 所示。

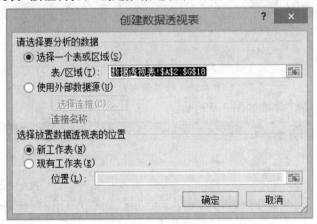

图 4.25 插入透视表

②修改数据透视表的位置为现有工作表中,圈选一片空白区域用于放置数据透视表,修改后,单击"确定"按钮。

③分类字段为"经办人"和"所属部门"两个字段,所以将一个字段拖至行标签,将另一

个字段拖至列标签,如图4.26所示。两者互换行列对结果无影响。

④求值字段为"出额"。所以把"出额"拖至数值区域,如图4.27所示。默认对"出额"求和,单击"出额"下拉菜单,选择"值字段设置"选项,将"计算类型"修改为"平均值"即可,如图4.28所示。

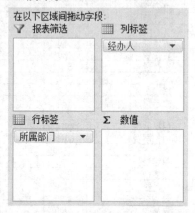

图4.26 拖动分类字段至行、列标签　　　图4.27 把"出额"拖至数值区域

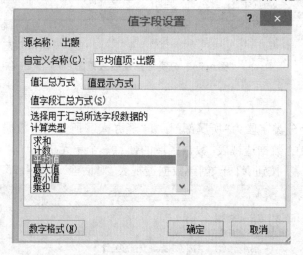

图4.28 修改值字段设置

数据透视表的最终效果如图4.29所示。

平均值项:出额	列标签															
行标签	白浩	曹嵩	丁超	丁志	金鑫	彭霜	秦赫浓	任骏涛	阮亚龙	田思翰	妥方安	徐勇	杨波	杨德隆	杨飞	杨长康	总计
财务部	260								280	300							280
广告部			560		560										680		600
技术部						680		360									520
科研部		4000		6000													5000
企划部							880				1580						1230
市场部													4800	4000			4400
销售部												2480				5000	3740
总计	260	4000	560	6000	560	680	880	360	280	300	1580	2480	4800	4000	680	5000	2026.25

图4.29 数据透视表最终效果图

【任务5】

提示如下:

分析:任务内容属于两个字段的或运算,应该采用高级筛选,且条件应该放在不同

行上。

①先建立条件区域,如图4.30所示。

②将光标定位在原始数据区域,单击"数据"选项卡→"排序和筛选"组→"高级"按钮,选择"将筛选结果复制到其他位置"选项,在"列表区域"中选择原始数据表A2:G18区域,在"条件区域"中选择如图4.30所示的区域,在"复制到"中选择结果显示区域,注意一定要和原始数据表等宽(即数据列数需和原始数据表保持一致)。

图4.30　条件区域

筛选结果如图4.31所示。

日期	经办人	所属部门	费用类别	入额	出额	备注
2017年4月10日	秦赫浓	企划部	差旅费		880	
2017年5月16日	妥方安	企划部	差旅费		1580	
2017年5月18日	杨波	市场部	差旅费		4800	
2017年5月18日	杨长康	销售部	差旅费		5000	
2017年5月20日	杨德隆	市场部	差旅费		4000	
2017年5月22日	曹高	科研部	项目扩展费		4000	
2017年5月22日	丁志	科研部	项目扩展费		6000	

图4.31　筛选结果

【任务6】

提示如下:

①选中图表中所需的数据列,因为不连续,所以需按住Ctrl键选择,如图4.32所示。

日期	经办人	所属部门	费用类别	入额	出额	备注
2017年2月20日	白浩	财务部	办公费	45000	260	
2017年2月25日	丁超	广告部	宣传费		560	
2017年3月1日	彭霜	技术部	维修费		680	
2017年4月10日	秦赫浓	企划部	差旅费		880	
2017年5月2日	任晓涛	技术部	维修费		360	
2017年5月2日	阮亚龙	财务部	办公费		280	
2017年5月15日	田思翰	财务部	办公费		300	
2017年5月16日	妥方安	企划部	差旅费		1580	
2017年5月17日	徐勇	销售部	差旅费		2480	
2017年5月18日	杨波	市场部	差旅费		4800	
2017年5月18日	杨长康	销售部	差旅费		5000	
2017年5月20日	杨德隆	市场部	差旅费		4000	
2017年5月20日	杨飞	广告部	宣传费		680	
2017年5月22日	曹高	科研部	项目扩展费		4000	
2017年5月22日	丁志	科研部	项目扩展费		6000	
2017年5月23日	金鑫	广告部	宣传费		560	

图4.32　选中数据列

②选择"插入"选项卡→"图表"组→"柱形图"按钮,在打开的下拉列表中选择"二维柱形图"中的簇状柱形图,效果如图4.33所示。

③选中图表标题"出额",通过键盘录入改为"员工出额图表"。

单击"图表工具—布局"选项卡→"标签"组→"坐标轴标题"按钮,添加横轴和纵轴的标题,并将名称设为"姓名"和"额度"。设置完成后如图4.34所示。

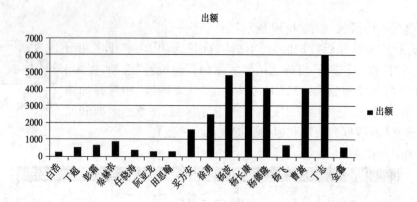

图4.33　生成图表

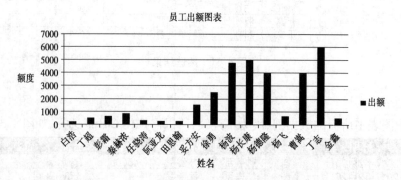

图4.34　图表标题及坐标轴标题的添加

④双击"图例",打开"设置图例格式"对话框,如图4.35所示,选择"图例位置"为"底部",单击"关闭"按钮即可。

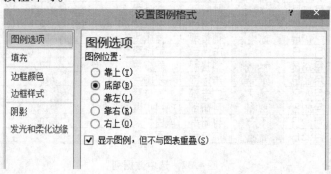

图4.35　图例位置的修改

⑤左键双击"图表区",打开"设置图表区格式"对话框,在"填充"选项卡中选择"纯色填充"选项,颜色选择水绿色;在"边框颜色"选项卡中选择"实线"选项,颜色选择红色;在"边框样式"选项卡中勾选"圆角","宽度"调为2.75磅。设置完成后,单击"关闭"按钮,效果如图4.36所示。

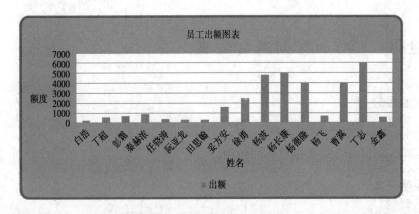

图4.36　图表区格式的设置

⑥双击"纵轴",打开"设置坐标轴格式"对话框,在"坐标轴选项"选项卡中,调整"主要刻度单位"为"2000",如图4.37所示。

设置坐标轴格式

坐标轴选项	坐标轴选项
数字	最小值:　○自动(A)　○固定(F)　0.0
填充	最大值:　○自动(U)　○固定(I)　7000.0
线条颜色	主要刻度单位:　○自动(T)　●固定(X)　2000.0
线型	次要刻度单位:　●自动(O)　○固定(F)　200.0
阴影	□逆序刻度值(V)
发光和柔化边缘	□对数刻度(L)　基(B):　10
三维格式	显示单位(U):　无
对齐方式	□在图表上显示刻度单位标签(S)

主要刻度线类型(J):　外部
次要刻度线类型(I):　无
坐标轴标签(A):　轴旁

横坐标轴交叉:
●自动(O)
○坐标轴值(E)　0.0
○最大坐标轴值(M)

图4.37　修改主要刻度值

"员工出额图表"的最终效果如图4.38所示。

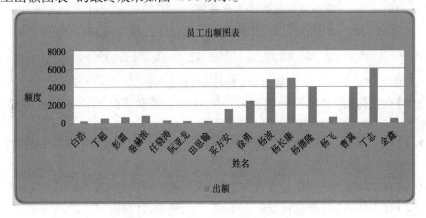

图4.38　最终效果图

实验四 制作日常财务管理表

一、实验目的

1. 掌握 Excel 中条件格式的设置。
2. 掌握 Excel 中 IF、SUM 函数等的使用。

二、实验任务

【任务1】打开"日常财务管理表.xlsx",内含两张工作表:"日常财务管理表"(部分内容如图4.39所示)和"财务统计报告"(见图4.40)。

编号	姓名	性别	部门	职务	身份证号	学历	入职时间	工龄	基本工资	工龄工资	基础工资
R001	曾晓军	男	管理	部门经理	410205196412278211	硕士	2001年3月		10000		
R002	李北	男	管理	人事行政经	420316197409283216	硕士	2006年12月		9500		
R003	郭晶晶	女	行政	文秘	110105198903040128	大专	2012年3月		3500		
R004	苏强	男	研发	项目经理	370108197202213159	硕士	2003年8月		12000		
R005	曾令煊	男	研发	项目经理	110105196410020109	博士	2001年6月		18000		
R006	齐小小	女	管理	销售经理	110101197305120123	硕士	2001年10月		15000		
R007	侯文	男	管理	研发经理	310108197712121139	硕士	2003年7月		12000		
R008	宋子文	男	研发	员工	372208197510090512	本科	2003年7月		5600		
R009	王清华	男	人事	员工	110101197209021144	本科	2001年6月		5600		
R010	张国庆	男	人事	员工	110108197812120129	本科	2005年9月		6000		
R011	孙红	女	行政	员工	551018198607311126	本科	2010年5月		4000		
R012	杜兰	女	销售	员工	110106198504040127	大专	2013年1月		3000		
R013	张希乖	男	行政	员工	610308198111020379	本科	2009年5月		4700		
R014	徐霞客	男	研发	员工	327018198310123015	本科	2010年2月		5500		
R015	张桂花	女	行政	员工	110107198010120109	高中	2010年8月		2500		
R016	陈万	男	研发	员工	412205196612280211	本科	2010年5月		5000		
R017	张国庆	男	销售	员工	110108197507220123	本科	2010年3月		5200		
R018	刘锋	男	研发	员工	551018198107210126	本科	2011年1月		5000		
R019	刘鹏举	男	研发	员工	372206197810270512	本科	2011年1月		4500		
R020	孙玉勤	女			410205197908078231	本科	2011年1月		3800		

图4.39 日常财务管理表部分内容

统 计 报 告	
所有人的基础工资总额	
项目经理的基本工资总额	
本科生平均基本工资	

图4.40 财务统计报告内容

【任务2】在工作表"日常财务管理表"中,计算工龄和工龄工资。工龄用INT函数取整,每工作一年工龄工资增加100元。

【任务3】在工作表"日常财务管理表"中,计算基础工资。基础工资=基本工资+工龄工资。

【任务4】在工作表"财务统计报告"的B2单元格中,计算所有人的基础工资总额。

【任务5】在工作表"财务统计报告"的B3单元格中,计算女员工的基本工资总额。

【任务6】在工作表"财务统计报告"的B4单元格中,计算本科生的平均基本工资。

三、部分任务操作提示

【任务2】

提示如下：

①工龄的计算：将光标定位在I2单元格，输入公式"= INT（（TODAY（）– H2）/365）"，其他人的工龄通过鼠标拖曳填充即可。得到的结果显示为日期型，右击"工龄"区域→选择"设置单元格格式"命令→在打开的"设置单元格格式"对话框中选择"数字"选项卡，选择"数值"选项，小数位数设为"0"。

②工龄工资的计算：将光标定位在K2单元格，输入公式"= I2 * 100"，其他人的工龄工资通过鼠标拖曳填充即可。

【任务3】

提示如下：

将光标定位在L2单元格，输入公式"= J2 + K2"，计算结果如图4.41所示。

编号	姓名	性别	部门	职务	身份证号	学历	入职时间	工龄	基本工资	工龄工资	基础工资
R001	曾晓军	男	管理	部门经理	410205196412278211	硕士	2001年3月	16	10000	1600	11600
R002	李北	男	管理	人事行政经	420316197409283216	硕士	2006年12月	11	9500	1100	10600
R003	郭晶晶	女	行政	文秘	110105198903040128	大专	2012年3月	5	3500	500	4000
R004	苏强	男	研发	项目经理	370108197202213159	硕士	2003年8月	14	12000	1400	13400
R005	曾令煊	男	研发	项目经理	110105196410020109	博士	2001年6月	16	18000	1600	19600
R006	齐小小	女	管理	销售经理	110102197305120123	硕士	2001年10月	16	15000	1600	16600
R007	侯文	男	管理	研发经理	310108197712121139	硕士	2003年7月	14	12000	1400	13400
R008	宋子文	男	研发	员工	372208197510090512	本科	2003年7月	14	5600	1400	7000
R009	王清华	男	人事	员工	110101197209021144	本科	2001年6月	16	5600	1600	7200
R010	张国庆	男	人事	员工	110108197812120129	本科	2005年9月	12	6000	1200	7200
R011	孙红	女	行政	员工	551018198607311126	本科	2010年5月	7	4000	700	4700
R012	杜兰	女	销售	员工	110106198504040127	大专	2013年1月	4	3000	400	3400
R013	张乘乘	男	行政	员工	610308198111020379	本科	2009年5月	8	4700	800	5500
R014	徐霞客	男	研发	员工	327018198310123015	本科	2010年3月	7	5500	700	6200
R015	张桂花	女	行政	员工	110107198010120109	高中	2010年3月	7	2500	700	3200
R016	陈万	男	研发	员工	412205196612280211	本科	2010年3月	7	5000	700	5700
R017	张国庆	男	销售	员工	110108197507220123	本科	2010年3月	7	5200	700	5900
R018	刘锋	男	研发	员工	551018198107210126	本科	2011年1月	6	5000	600	5600
R019	刘鹏举	男	研发	员工	372206197810270512	本科	2011年1月	6	4500	600	5100
R020	孙玉敏	女	人事	员工	410205197908078231	本科	2011年1月	6	3800	600	4400
R021	王清华	女	人事	员工	110104198204140127	本科	2011年1月	6	4500	600	5100
R022	包宏伟	男	销售	员工	270108197302283159	本科	2011年1月	6	6000	600	6600
R023	符合	女	研发	员工	610008197610020379	本科	2011年1月	6	6500	600	7100
R024	吉祥	女	研发	员工	420016198409183216	本科	2011年1月	6	8000	600	8600
R025	莫一	男	管理	总经理	110108196301020119	博士	2001年2月	16	40000	1600	41600

图4.41 工龄、工龄工资、基础工资的计算结果

【任务4】

提示如下：

将光标定位在工作表"财务统计报告"的B2单元格中，插入SUM函数，框选"日常财务管理表"的"基础工资"列中所有的数值单元格，函数的参数设置如图4.42所示，单击"确定"按钮得到计算结果。

【任务5】

提示如下：

分析：求和区域为"基本工资"列，条件限定1为"职务是员工"，条件限定2为"性别是女"。任务内容属于条件求和，且有两个条件限制，只能用SUMIFS函数。

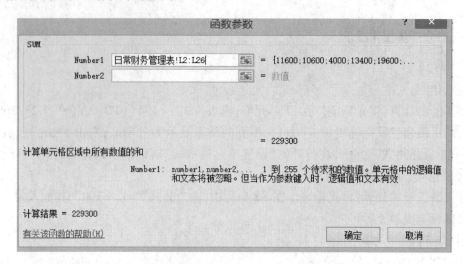

图 4.42　计算所有人的基础工资总额的函数参数设置

①将光标定位在工作表"财务统计报告"的 B3 单元格中,插入 SUMIFS 函数。

②求和区域为"基本工资"列,条件区域为"性别"列和"职务"列,具体的参数设置如图 4.43 所示。单击"确定"按钮得到计算结果。

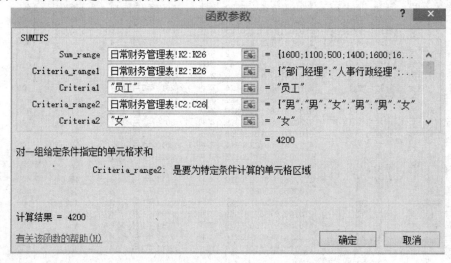

图 4.43　计算女员工的基本工资总额的函数参数设置

【任务 6】

提示如下:

分析:本科生的基本工资求和后除以本科生的人数。本科生的基本工资求和属于条件求和,采用 SUMIFS 或者 SUMIF 函数求解,本科生人数用 COUNTIF 函数求解。

①将光标定位在工作表"财务统计报告"的 B4 单元格中,插入 SUMIFS 函数。

②求和区域为"基本工资"列,条件区域为"学历"列,具体的参数设置如图 4.44 所示。

③单击"确定"按钮。将光标定位回编辑栏的最右侧,输入"/",插入 COUNTIF 函数,参数设置如图 4.45 所示。单击"确定"按钮,得到计算结果。

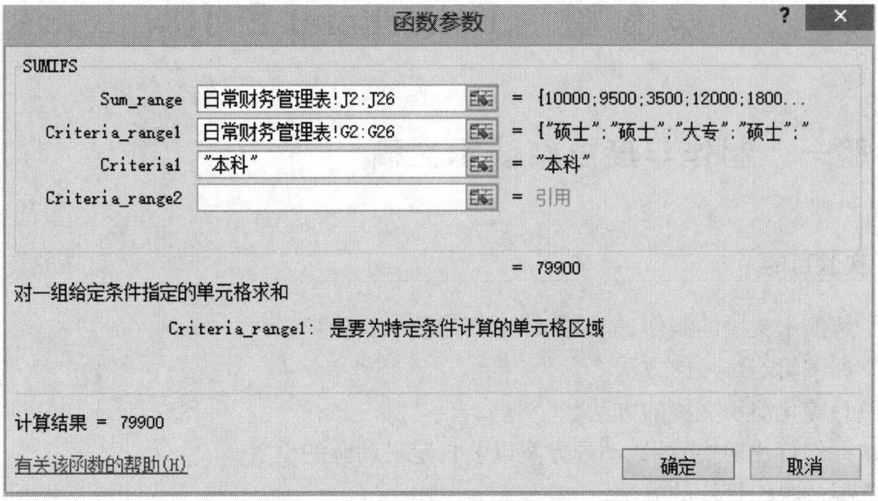

图 4.44 计算本科生基本工资总额的函数参数设置

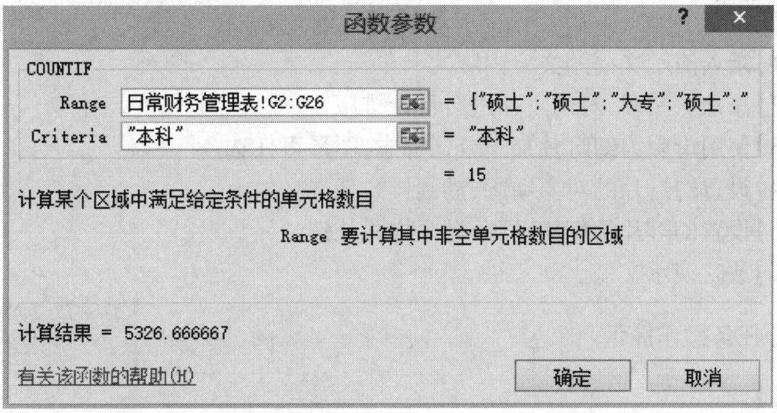

图 4.45 计算本科生人数的函数参数设置

"财务统计报告"的最终计算结果如图 4.46 所示。

统计报告	
所有人的基础工资总额	229300
女员工的基本工资总额	4200
本科生平均基本工资	5326.666667

图 4.46 "财务统计报告"的最终计算结果

第5章 PowerPoint 2010

实验一 制作年度总结演示文稿

一、实验目的

1. 了解演示文稿的制作,能够熟练地创建演示文稿。
2. 掌握编辑幻灯片的方法。
3. 熟悉美化演示文稿的方法。
4. 掌握幻灯片切换效果、动画方案以及自定义动画的设置。
5. 掌握放映幻灯片的方法。
6. 掌握幻灯片放映控制的操作。

二、实验任务

【任务1】录入演示文稿的文字内容。
【任务2】添加剪贴画,对幻灯片进行设计排版。
【任务3】使用母版为幻灯片加上公司标志,图形可任选。
【任务4】设置幻灯片的对象动画,动画样式任选。
【任务5】设置幻灯片的切换动画,动画样式任选。
【任务6】放映演示文稿。

三、部分任务操作提示

【任务1】
提示如下:
①制作"标题"幻灯片:单击主标题区域,输入主标题文字"年度总结",在副标题占位符中输入"年度个人业务总结"。
②添加第2张幻灯片:右击幻灯片列表下方的空白处,在弹出的快捷菜单中选择"新建幻灯片"命令,如图5.1所示。
③参照上述步骤,添加第3、4、5、6张幻灯片(文字内容可自定),如图5.2所示。

图5.1 新建幻灯片

【任务2】
提示如下:
①选择需要插入剪贴画的幻灯片,单击"插入"选项卡→"图象"组→"剪贴画"按钮,即可打开"剪贴画"窗格,在其中可搜索并插入需要的剪贴画。如图5.3所示。按此方法对第2张到第6张幻灯片插入任意剪贴画。

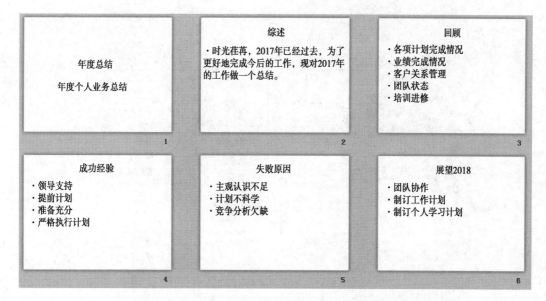

图5.2 演示文稿的文字内容

图5.3 插入剪贴画

②选择幻灯片,单击"开始"选项卡→"幻灯片"组→"版式"按钮,在打开的下拉列表中可选择所需的版式效果,如图5.4所示,也可以通过鼠标拖动占位符、文本框或剪贴画位置来调整版式。各类幻灯片的参考版式效果如图5.5所示。

【任务3】

提示如下:

①单击"视图"选项卡→"母版视图"组→"幻灯片母版"按钮,如图5.6所示。

②在打开的母版视图中选择左侧窗格的第一张母版,如图5.7所示。

③通过"插入"选项卡,向母版中插入公司标志的符号或图形,然后拖动到幻灯片的右上角,效果如图5.8所示。操作完成后,每一张幻灯片都带有该图形标志。

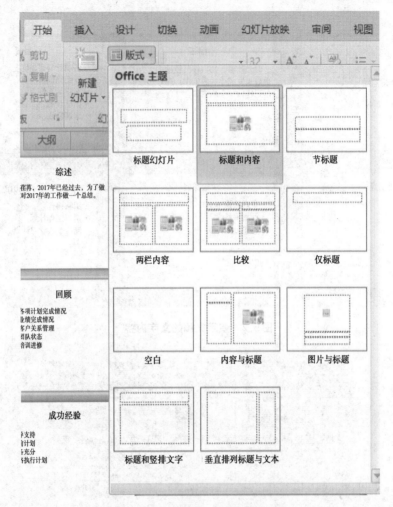

图 5.4　幻灯片版式设置

图 5.5　版式设计效果图

图5.6 单击"幻灯片母版"按钮

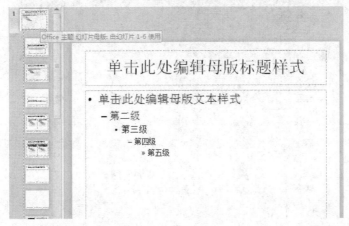

图5.7 幻灯片母版窗口

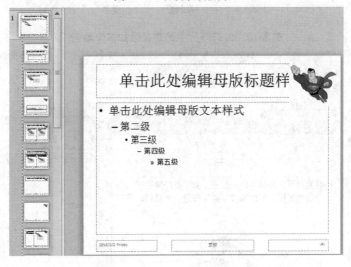

图5.8 插入公司标志的效果图

【任务4】

提示如下：

①选择幻灯片中的对象，在"动画"选项卡中可以添加"进入""强调""退出""动作路径"等类型的动画，如图5.9所示。

②若需要添加多个动画，可单击"动画"选项卡→"高级动画"组→"动画窗格"按钮，在打开的"动画窗格"中进行设置，如图5.10所示。

③选中已添加的动画，可以设置动画触发机制和动画时长等属性，如图5.11所示。

图5.9 为幻灯片中的对象设置动画

图5.10 为幻灯片中的对象添加多个动画

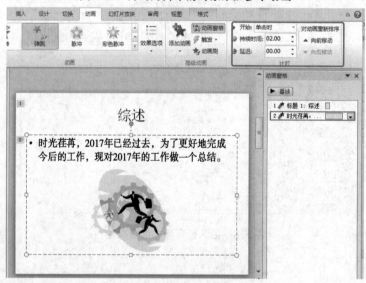

图5.11 在动画窗格中设置动画属性

【任务5】

提示如下：

选择幻灯片，可通过"切换"选项卡中的命令设置切换动画，如图5.12所示。

图 5.12　设置切换动画

【任务 6】

提示如下：

保存所做的操作后，按 F5 键可进入幻灯片放映视图，或单击"幻灯片放映"→"从头开始"/"从当前幻灯片开始"按钮也可放映幻灯片，如图 5.13 所示。

图 5.13　幻灯片放映命令

实验二　制作销售策略演示文稿

一、实验目的

1. 掌握主题的使用方法。
2. 掌握超链接的使用方法。
3. 掌握 SmartArt 图形的使用方法。
4. 掌握艺术字的使用方法。

二、实验任务

【任务 1】幻灯片应用主题"精装书"。

【任务 2】录入幻灯片的内容。

【任务 3】为第 2 张幻灯片添加超链接。

【任务 4】为第 3 到第 6 张幻灯片添加 SmartArt 图形。

三、部分任务操作提示

【任务 1】

提示如下：

单击"设计"选项卡→"主题"组→"其他"下三角形按钮，在弹出的下拉列表中选择"精装书"选项，如图 5.14 所示。

【任务 2】

提示如下：

在标题幻灯片中，输入主标题"销售策略"和副标题"成功销售的神秘武器"，然后新建

8张幻灯片,单击各张幻灯片输入文字内容,其中第2张幻灯片的内容为第3至第9张幻灯片的标题,如图5.15所示。

图5.14　主题设置

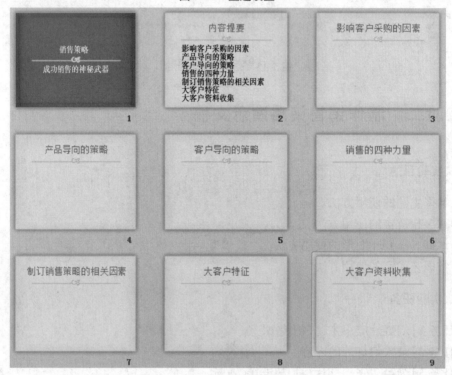

图5.15　"销售策略"框架效果图

【任务3】

提示如下:

选中第2张幻灯片中的第一行文字,右击,在弹出的快捷菜单中选择"超链接"命令,在打开的"插入超链接"对话框中选择"本文档中的位置"→第3张幻灯片并单击"确定"按钮,使用相同的方法,创建其余幻灯片的超链接,如图5.16所示。

【任务4】

提示如下:

①切换到第3张幻灯片,单击"插入"选项卡→"插图"组→"SmartArt"按钮,在打开的"选择SmartArt图形"对话框中选择如图5.17所示的SmartArt图形。

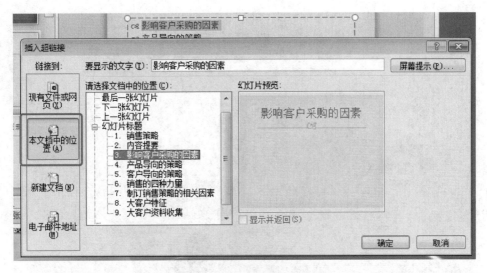

图 5.16 "插入超链接"对话框

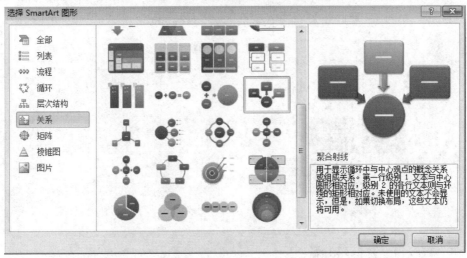

图 5.17 "选择 SmartArt 图形"对话框

②单击"SmartArt 工具—设计"选项卡→"创建图形"组→"添加形状"按钮为 SmartArt 图形添加形状,如图 5.18 所示。

③单击 SmartArt 图形的各个形状并输入文本内容,右击新添加的形状,选择"编辑文字"命令,录入如图 5.19 所示的内容。

④单击"SmartArt 工具—设计"选项卡→"SmartArt 样式"组→"更改颜色"按钮,在打开的下拉列表中选择"强调文字颜色 2"中的第 4 个颜色方案,如图 5.20 所示。

⑤单击"SmartArt 工具—设计"选项卡→"SmartArt 样式"组→"其他"下三角形按钮,在打开的"SmartArt 样式列表"中选择"金属场景"样式,如图 5.21 所示。

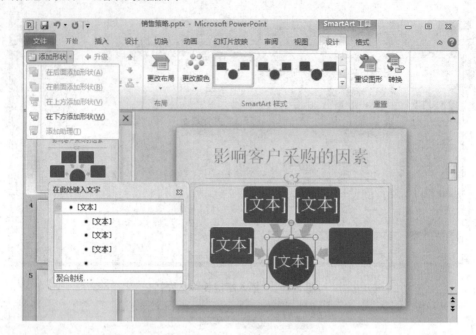

图 5.18　添加形状

图 5.19　在形状中添加文字

图 5.20　为形状更改颜色

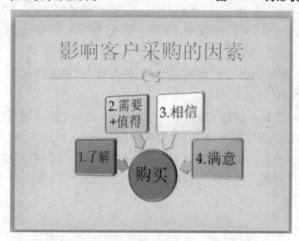

图 5.21　将形状设置为"金属场景"样式

⑥参照上述步骤,分别设计第4到第9张幻灯片。

销售策略演示文稿的最终效果如图5.22所示。

图5.22 "销售策略"最终效果图

第6章 计算机网络与 Internet

实验一 组建局域网并共享资源

一、实验目的

1. 了解局域网的组建与配置方法。
2. 掌握在局域网中共享资源与使用资源的方法。
3. 掌握飞鸽传书在局域网中的使用方法。

二、实验任务

【任务1】局域网的组建和配置。
【任务2】创建家庭组并共享资源。
【任务3】加入家庭组并访问资源。
【任务4】利用飞鸽传书实现局域网交流。

三、部分任务操作提示

【任务1】
提示如下：
①用网线连接计算机和交换机。
②启动计算机和交换机，网卡指示灯和交换机相应接口的指示灯都亮，则表示网络连接成功。
③通过控制面板打开"网络和 Internet"→"网络和共享中心"窗口，再单击"本地连接"，如图6.1所示。

图6.1 "网络和共享中心"窗口

④在弹出的"本地连接"对话框中，单击"属性"按钮，如图6.2所示。

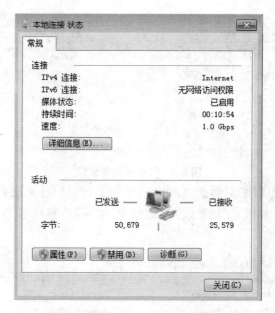

图6.2　"本地连接"对话框

⑤在弹出的"本地连接 属性"对话框中,选中"Internet 协议版本 4",再单击下方的"属性"按钮,如图6.3所示。

⑥在弹出的对话框中选中"使用下面的 IP 地址",并参考图6.4输入相应的 IP 地址,单击"确定"按钮。

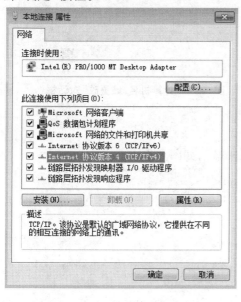

图6.3　"本地连接 属性"对话框

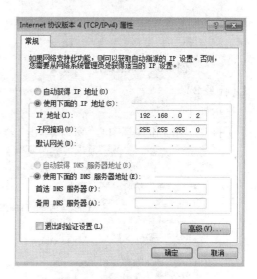

图6.4　设置 IP 地址

⑦右击桌面上的"计算机"图标,在弹出的快捷菜单中选择"属性"命令,在打开的窗口中单击"更改设置",如图6.5所示。

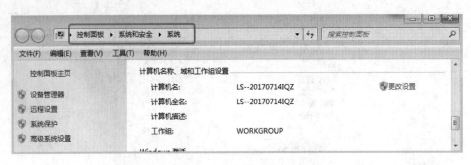

图6.5 计算机属性窗口

⑧在弹出的"系统属性"对话框中,如图6.6所示,选择"计算机名"选项卡,并单击"更改"按钮,在弹出的"计算机名/域更改"对话框中,填写"计算机名"和"工作组",如图6.7所示。

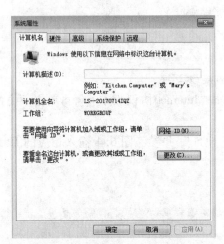

图6.6 "系统属性"对话框   **图6.7 "计算机名/域更改"对话框**

【任务2】

提示如下:

①打开"网络和共享中心"窗口,单击"公用网络",如图6.8所示。

图6.8 设置网络

②在弹出的"设置网络位置"对话框中,单击"家庭网络",如图6.9所示。

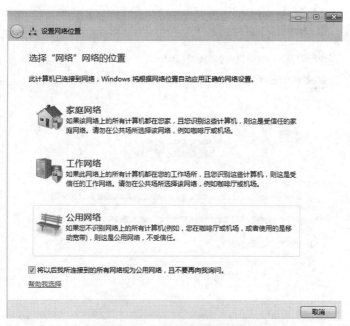

图6.9　"设置网络位置"对话框

③在弹出的"创建家庭组"对话框中检查默认共享内容,直接单击"下一步"按钮,如图6.10所示。

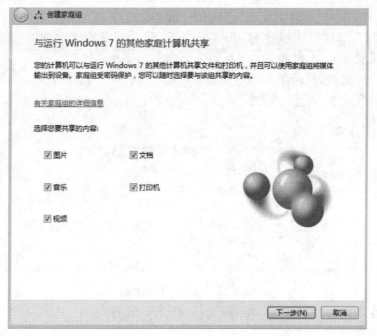

图6.10　设置共享内容

④在弹出的"创建家庭组"对话框中将出现一个密码,记录该密码,单击"完成"按钮,此后局域网中的其他计算机若要加入该家庭组需输入此密码,如图6.11所示。

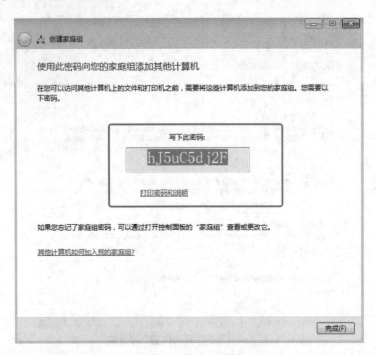

图 6.11　家庭组密码

⑤在需要共享的文件夹上右击,在弹出的快捷菜单中选择"共享"→"家庭组(读取/写入)"命令,设置完成后,文件夹显示"已共享",如图 6.12 所示。

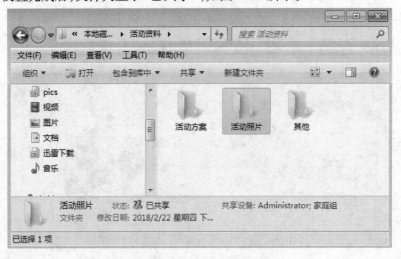

图 6.12　设置共享文件夹

【任务 3】

提示如下:

①在控制面板中单击"选择家庭组和共享选项",在打开的窗口中单击"立即加入"按钮,如图 6.13 所示。

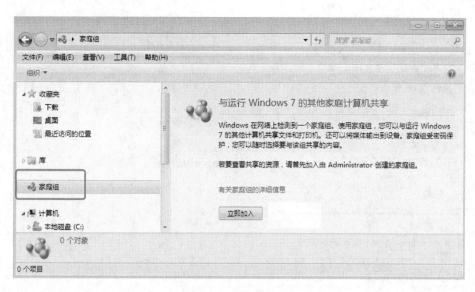

图 6.13　加入家庭组

②在弹出的对话框中输入建立家庭组时系统提供的密码,并单击"下一步"按钮,如图6.14 所示。

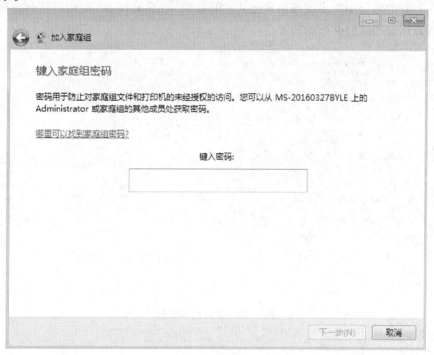

图 6.14　输入家庭组密码

③打开"计算机"窗口,在左侧快速访问栏的"家庭组"栏中将出现当前局域网中的所有用户,单击某用户的链接,如图 6.15 所示。

图 6.15 查看局域网中的用户

④在打开的窗口中将出现该用户已共享的资源,如图 6.16 所示,可以按照使用本地文件资源的方法使用这些共享的资源。

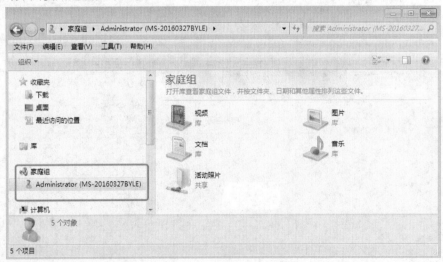

图 6.16 查看共享资源

【任务 4】

提示如下:

飞鸽传书是一款局域网即时通信软件,可以在局域网中实现即时沟通、文件传递、远程播放媒体和跨平台打印等功能,增强了局域网的资源共享能力和通信能力。

提示如下:

①安装:下载飞鸽传书安装包,如果是压缩文件需要先解压,双击 exe 文件执行安装,在安装过程中,用户可以自定义程序安装路径、文件夹名称和快捷方式等。

②用户可以自定义头像,修改个性签名、姓名、部门等信息,单击"保存"按钮后,局域网用户可以查看到设置的信息,如图6.17所示。

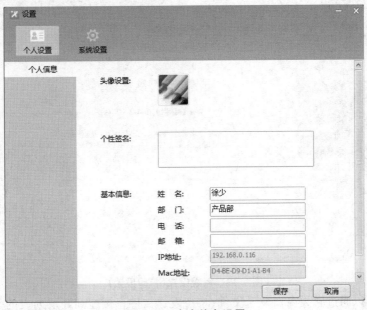

图6.17　个人信息设置

③用户可以修改开机启动项、文件默认接收目录是否自动接收、消息提醒以及自动更新等选项,如图6.18所示。

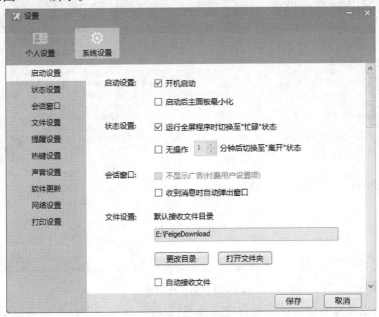

图6.18　系统设置(启动设置)

④用户在安装飞鸽网络打印组件后,可以选择共享已经连接的物理打印机,允许其他飞鸽用户(包括 PC 端用户和手机端用户)请求使用该打印机进行打印,如图6.19所示。

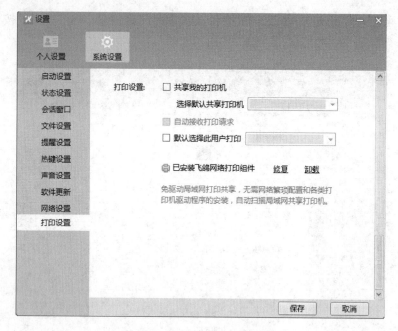

图 6.19　系统设置(打印设置)

⑤用户可以通过聊天窗口发送文件,将待发送文件直接拖到好友列表的头像上或聊天窗口内实现发送,如图 6.20 所示。

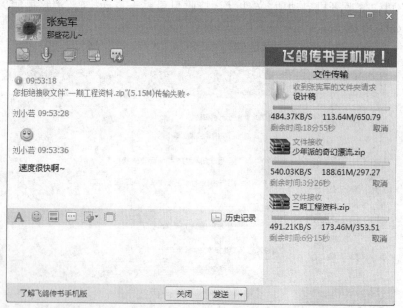

图 6.20　文件传输窗口

⑥用户可以通过右键菜单新建自定义分组,以便更好地管理好友列表。当这些自定义分组被删除时,分组下的好友将恢复到默认分组,如图 6.21 所示。

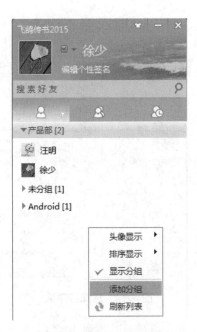

图6.21　管理用户

⑦用户可以通过远程协助/远程控制功能申请控制对方的计算机或者让对方控制自己的计算机,如图6.22所示。

图6.22　远程协助窗口

⑧用户需要进行打印操作时,只需打开需要打印的文档或图片,选择"打印"→"飞鸽网络打印机"命令,如图6.23所示,再选择好友或打印机,单击"打印"按钮即可发送打印请求。对方在收到用户的打印请求后,可以选择同意或者拒绝打印,如果对方设置为自动接收打印请求,则无须经过同意,会自动打印。

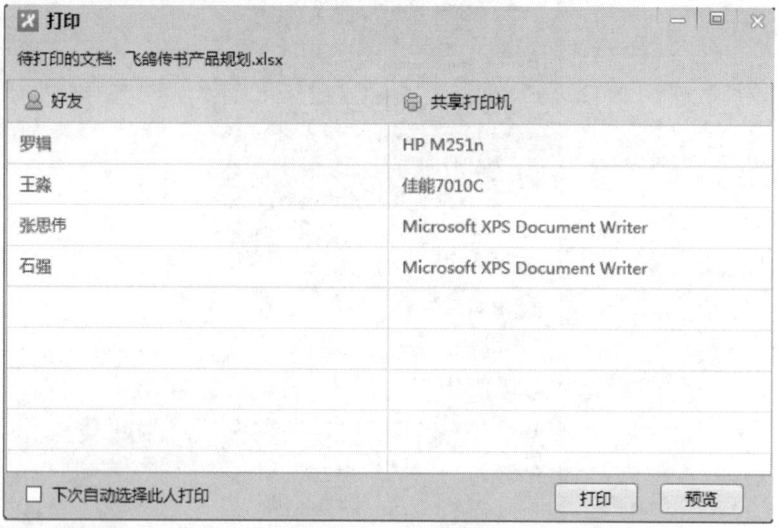

图6.23　选择打印机

实验二　使用网络故障检测命令

一、实验目的

掌握常用的网络故障检测命令。

二、实验任务

【任务1】使用 ping 命令检测计算机之间的连接情况,并检测与百度网站的连接情况。

【任务2】使用 ipconfig 命令查看用户计算机的基本信息。

【任务3】使用 tracert 命令确定计算机上的 IP 数据包访问目标所经过的路径。

三、部分任务操作提示

【任务1】

提示如下:

ping 命令可以测试计算机名和计算机的 IP 地址,可通过将 ICMP 回显数据包发送到远程计算机并侦听回复数据包来验证与远程计算机的连接。

ping 命令的基本格式:ping ［ －t ］［ －a ］［ －f ］［ －r count ］［ －w time out ］target。

各参数的含义如下:

－t:ping 远程计算机直到中断,可按组合键 Ctrl ＋ C 中断。

－a:将地址解析为计算机名。

－f:在数据包中发送"不要分段"标志,数据包就不会被路由上的网关分段。

－r count:在"记录路由"字段中记录传出和返回数据包的路由,count 可以指定 1 ～ 9。

－w time out:指定超时间隔,单位是 ms。

target:指定要 ping 的远程计算机。

注意:在 ping 命令的使用过程中,如果返回"Request time out"信息,则表示远程目标在 1 s 内没有响应。如果返回 4 个"Request time out"信息,说明该远程目标拒绝 ping 命令。如果执行 ping 命令不成功,表示出现网络故障,应先检查网线是否连通、网卡配置是否正确、IP 地址是否可用等;如果执行 ping 命令成功,而网络无法使用,那么问题可能出现在网络系统的软件配置方面。

①选择"开始"菜单→"所有程序"→"附件"→"命令提示符"命令,在"命令提示符"窗口中输入命令"ping 127.0.0.1",屏幕显示如图 6.24 所示。

图 6.24 ping 命令测试 1

可以通过组合键 Win + R 打开"运行"对话框,再输入"cmd"按回车键快速打开"命令提示符"窗口。

对于不熟悉的命令,可以在提示符下输入"＜命令名＞ /?"来获取帮助信息,如查看 ping 命令支持的格式和功能可输入"ping /?"。

②在"命令提示符"窗口中输入命令"ping baidu. com",屏幕显示如图 6.25 所示。

图 6.25 ping 命令测试 2

【任务 2】

提示如下:

ipconfig 命令可以显示当前计算机的 TCP/IP 网络配置信息。

ipconfig 命令的基本格式:ipconfg［/all］［/renew［adapter］］［/release［adapter］］。

各参数的含义如下:

/all:产生完整显示。如果没有该参数,ipconfig 只显示 IP 地址、子网掩码和每个网卡的默认网关值。

/renew［adapter］：更新 DHCP 配置参数。该选项只在运行 DHCP 客户端服务的系统上有效。若要指定适配器名称,可通过使用不带参数的 ipconfig 命令查看适配器名称。

/release［adapter］：发布当前的 DHCP 配置。该选项禁用本地的 TCP/IP,也只在 DHCP 客户端上有效。

在"命令提示符"窗口中输入命令 ipconfig,屏幕显示如图 6.26 所示。

图 6.26 ipconfig 命令测试

【任务 3】

提示如下:

tracert 命令是路由跟踪命令,用于确定 IP 数据包访问目标所经过的路径。

tracert 命令的基本格式:tracert［ -d ］［ -h maximum_hops ］［ -j host-list ］［ -w timeout ］ target。

各参数的含义如下:

-d：不将地址解析成主机名。

-h maximum_hops：搜索目标的最大跃点数。

-j host-list：与主机列表一起的松散源路由(仅适用于 IPv4)。

-w timeout：等待每个回复的超时时间,以 ms 为单位。

在"命令提示符"窗口中输入命令"tracert sina.cn",屏幕显示如图 6.27 所示。

图 6.27 tracert 命令测试